精通嵌入式 Linux

程式設計 第三版 下

Mastering Embedded Linux Programming

Frank Vasquez、Chris Simmonds 著
錢亞宏 譯．博碩文化 審校

博碩文化

精通嵌入式 Linux 程式設計 第三版 下

Mastering Embedded Linux Programming

Frank Vasquez、Chris Simmonds 著
錢亞宏 譯・博碩文化 審校

本書如有破損或裝訂錯誤，請寄回本公司更換

作　　者：Frank Vasquez、Chris Simmonds
譯　　者：錢亞宏
責任編輯：盧國鳳

董 事 長：陳來勝
總 編 輯：陳錦輝

出　　版：博碩文化股份有限公司
地　　址：221 新北市汐止區新台五路一段 112 號 10 樓 A 棟
　　　　　電話 (02) 2696-2869　傳真 (02) 2696-2867

發　　行：博碩文化股份有限公司
郵撥帳號：17484299　戶名：博碩文化股份有限公司
博碩網站：http://www.drmaster.com.tw
讀者服務信箱：dr26962869@gmail.com
訂購服務專線：(02) 2696-2869 分機 238、519
（週一至週五 09:30 ～ 12:00；13:30 ～ 17:00）

版　　次：2023 年 7 月三版一刷

建議零售價：新台幣 450 元
Ｉ Ｓ Ｂ Ｎ：978-626-333-512-7
律師顧問：鳴權法律事務所 陳曉鳴律師

國家圖書館出版品預行編目資料

精通嵌入式 Linux 程式設計 / Frank Vasquez, Chris
Simmonds 著；錢亞宏譯 . -- 第三版 . -- 新北市：
博碩文化股份有限公司 , 2023.07
　冊；　公分 . -- (博碩書號；MP12204-MP12205)
譯自：Mastering embedded Linux programming,
3rd ed.

ISBN 978-626-333-511-0 (上冊：平裝). --
ISBN 978-626-333-512-7 (下冊：平裝)

1.CST: 作業系統

312.54　　　　　　　　　　　　　　112008869

Printed in Taiwan

歡迎團體訂購，另有優惠，請洽服務專線
博碩粉絲團　(02) 2696-2869 分機 238、519

貢獻者

關於作者

Frank Vasquez 是一名專精於消費性電子產品的獨立軟體顧問。尤其在嵌入式 Linux 系統的設計與開發上，有著超過 10 多年的經驗。這些經驗中包括了機架式的 DSP 音訊伺服器、水下手持聲納攝影機，以及消費性 IoT 熱點裝置等無數裝置。而在成為一名嵌入式 Linux 工程師之前，Frank 曾經是 IBM 公司的一名 DB2 資料庫內核開發人員。他如今生活在美國矽谷。

感謝全心接納我的開源軟體社群（尤其是 Yocto Project 社群）。同時也感謝我的太太 Deborah，感謝她容忍我熱夜研究各式硬體。這個世界因 Linux 而美好！

Chris Simmonds 出身於英格蘭南部。他是一名軟體顧問與指導者，擁有 20 多年的「嵌入式系統開源軟體」的設計與開發經驗。同時，他也是 2net Ltd. 公司的創辦人與主要顧問，在嵌入式 Linux、Linux 裝置驅動程式以及 Android 平台開發上，提供專業的訓練與顧問服務。他為許多「嵌入式領域」知名的大型公司訓練過無數軟體工程師，這些公司包括 ARM、Qualcomm、Intel、Ericsson 以及 General Dynamics。他也是各種開源軟體社群與嵌入式技術大會的常客，其中包括 Embedded Linux Conference 與 Embedded World 等等。

關於審校者

Ned Konz 信仰史特金定律（Sturgeon's Law，意指世上其實有 90% 的作品一無是處），並且努力自學成才，積極投身於剩下那 10% 的人當中。在過去 45 年間，他的工作經驗橫跨了工業用、消費性以及醫療領域各種裝置、軟體還有電子零組件的設計開發，並與 Alan Kay 的團隊一同在 HP 實驗室中研究使用者介面。他曾將「嵌入式 Linux」應用於高端聲納裝置、檢查用相機以及 Glowforge 雷射切割器當中。身為西雅圖 Product Creation Studio 的一名資深嵌入式系統開發工程師，他設計了無數終端產品的軟體與電子零組件。在閒暇之餘，他會自己組裝打造各種電子零件。他也是搖滾樂團中的一名貝斯手。他還曾進行兩次單人自行車之旅，每次都旅行至少超過了 4,500 英哩之遠。

感謝我的妻子 Nancy，感謝她一直以來的支持。感謝 Frank Vasquez 推薦我成為本書的技術審校者。

Khem Raj 是一名在電子與通訊工程學領域擁有榮譽學位的學士。在 20 多年的軟體系統開發職涯當中，他曾在各種新創公司以及財星 500 大公司當中任職。在任職期間，致力於開發作業系統、編譯器、程式設計語言、具擴展性的組建系統，以及各種系統軟體的開發與最佳化。他對開源軟體的開發充滿熱情，並且是一名多產的社群貢獻者，經常投身於維護廣為人知的開源專案（例如 Yocto Project）。同時，他也是各種開源軟體大會的演講常客。他還是一名書蟲，並努力做到終身學習。

目錄

Section 3：開發嵌入式應用程式

Section 4：除錯以及效能最佳化

前言

多年以來，Linux 一直都是嵌入式裝置開發的主流。但奇怪的是，卻很少有專書涵蓋完整的主題：這也是本書的主旨所在，為了填補此一空白。不過，所謂的「嵌入式 Linux」（embedded Linux）這個術語並沒有明確的定義，甚至可以泛指從「恆溫控制器」到「Wi-Fi 路由器」再到「工業控制元件」中各式各樣裝置的作業系統。然而，這些作業系統都有著共通的開源軟體基礎，也就是筆者會在本書中描述的技術，並且在說明時，會輔以個人多年來的開發經驗，以及用於訓練課程中的教材。

科技技術日新月異。嵌入式裝置業界就如同主流的電子計算機領域，同樣都容易受到「摩爾定律」（Moore's law）的影響。這也意味著自本書「第一版」問世以來，許多事物在指數級增長的影響下，發生了翻天覆地的變化。「第三版」經過全面修訂，採用本書寫成當下最新版本的開源軟體與元件，包括 Linux 5.4 版本、Yocto Project 3.1 版本（Dunfell），以及 Buildroot 2020.02 LTS 長期維護版本。而且，除了原先的 Autotools 之外，這次也將 CMake 這項近年來越來越廣受採用的組建系統（build system）涵蓋進來。

在本書中，我們將按照各位讀者實務上可能會遇到議題的順序，來依序介紹這些主題。前 8 個章節為 Section 1（第一部分），涉及了專案早期階段中關於「工具鏈」的選擇、「啟動載入器」以及「內核」等基礎知識，並且以 Buildroot 與 Yocto Project 作為範例，示範如何建立起一套嵌入式組建系統。在 Section 1 結束前，會稍微深入介紹一下 Yocto Project。

本書的 Section 2（第二部分），也就是「第 9 章」至「第 15 章」的內容，會著眼於實際開發前需要做出的各種設計決策。包括了對檔案系統的規劃、軟體更新的機制、驅動程式的安裝、init 程式，還有電源管理等議題。其中「第 12 章」會示範「使用針腳擴充板（breakout board）快速打造產品原型」的過程，說明如何看懂機板的電路圖、操作焊錫接線，以及用一台邏輯分析儀來查看訊號排除異常。「第 14 章」會深入介紹 Buildroot，學習如何使用 BusyBox 的 runit 來將軟體化為常駐服務。

Section 3（第三部分）的「第 16 章」、「第 17 章」與「第 18 章」會以專案的實務開發階段為主進行說明。我們會從 Python 打包方案及依賴關係管理議題開始，這是一個

重要的主題，因為機器學習正快速普及到我們的日常生活中。接著，我們會討論各種形式的「程序間通訊」與「執行緒程式設計」。這個部分的最後，我們會深入探討 Linux 系統如何管理記憶體，並使用各種工具，來查看記憶體的使用情形，以及檢測是否有出現「記憶體洩漏」的問題。

最後的 Section 4（第四部分）包括「第 19 章」與「第 20 章」，這邊筆者會向各位讀者示範如何有效利用 Linux 的眾多除錯與剖析工具，來查看發生的異常問題，並找出問題的原因。其中「第 19 章」會說明如何設定 Visual Studio Code 以 GDB 進行遠端除錯；「第 20 章」則會介紹一種可以進一步在 Linux 內核中追蹤程式的新技術，即 BPF。最後一章，我們會彙總本書所介紹的各項主題，說明如何在即時（real-time）應用程式開發的領域中運用 Linux 系統。

這些章節所介紹的內容，都是在嵌入式 Linux 開發中的重要議題。涵蓋的範圍從「學習常見原則的背景知識」到「各項議題領域的實務範例」都有。這本書除了學習理論之外，也可以當作一本工具書，要是在各位讀者手上這兩種功用兼具那就最好了：因為「從做中學」總是最快的。

目標讀者

本書是專為開發人員編寫的，特別針對那些希望在「嵌入式開發」與「Linux 作業系統」等領域上拓展各項議題知識的讀者，或對此感興趣的讀者。在撰寫本書時，筆者會假設各位讀者對 Linux 系統中的指令列環境（Linux command line）已具備基礎認識，並且能夠看懂以 C 或 Python 程式語言所寫成的範例。其中也有數個章節會牽涉到嵌入式開發常用的目標機板（target board），因此要是在這部分事先有所涉獵的話，閱讀與學習起來會更事半功倍。

本書內容

編輯註：上冊包含前言以及第 1 章到第 15 章（Section 1 ～ Section 2），下冊包含前言以及第 16 章到第 21 章（Section 3 ～ Section 4）。

「第 1 章，一切由此開始」中，將會向各位讀者介紹嵌入式 Linux 領域中的各大生態系統，以及在專案初期時可能面臨的選擇，以此作為破題。

「第 2 章，工具鏈」中，將會著重於跨平台編譯的議題，介紹工具鏈裡的各項元件。當中包括如何獲取工具鏈，以及告訴你該如何從原始碼組建出一個工具鏈的詳細步驟。

「第 3 章，啟動載入器」中，將會說明啟動載入器在載入 Linux 內核的過程裡所扮演的角色，並以 U-Boot 作為實例。在這邊，還會介紹硬體結構樹，這是一種在許多嵌入式 Linux 系統中都會用來描述硬體設定的檔案結構。

「第 4 章，設定與組建內核」中，將會向各位讀者說明，如何替嵌入式系統選擇 Linux 內核，並且根據裝置上的硬體進行設定。在這邊，還會說明如何將 Linux 移植到新的硬體上面去。

「第 5 章，建立根目錄檔案系統」中，將會以逐步漸進的方式，指引讀者設定出一個根目錄檔案系統，藉此說明嵌入式 Linux 系統開發中用戶空間（user space）背後的概念。

「第 6 章，選擇組建系統」中，將會介紹兩款嵌入式 Linux 組建系統，一個是 Buildroot，另一個是 Yocto Project，濃縮前面四個章節中的工作，使過程自動化。

「第 7 章，運用 Yocto Project 開發」中，將會示範如何在既有的機板支援套件（BSP）資料層上組建出系統映像檔、如何利用 Yocto 的擴充 SDK 來開發可供機板使用的軟體套件，以及如何利用執行期的套件管理器，來完善自己的嵌入式 Linux 發行版。

「第 8 章，深入 Yocto Project」中，將會深入探討 Yocto 組建系統的運作流程，並詳細說明 Yocto 獨有的多資料層架構。此外，我們還會以實際的方案檔作為範例，介紹 BitBake 語法的基礎。

「第 9 章，建立儲存空間的方式」中，將會討論在管理快閃記憶體時會遇到的挑戰，這些快閃記憶體包括了快閃記憶體晶片、**eMMC（embedded MMC，嵌入式 MMC）**的硬體套件，並根據不同技術類型，介紹適合的檔案系統。

「第 10 章，上線後的軟體更新」中，將會探討各種裝置上線後更新軟體的方式，包括**遠端推送更新（Over-the-Air，OTA）**這種由遠端全權管理的機制。但無論是哪一種機制，重要的議題都是圍繞在可靠性與安全性上。

「第 11 章，裝置驅動程式」中，將會以一個簡單的驅動程式實例，說明內核驅動程式是如何與硬體互動。在這邊，還會介紹從用戶空間呼叫裝置驅動程式的各種方法。

「第 12 章，使用針腳擴充板打造原型」中，將會示範如何使用針腳擴充板，搭配已預先針對 BeagleBone Black 組建好的一份 Debian 映像檔，快速地在軟、硬體雙方面建立起產品原型。本章也會說明如何查看機板的規格書與電路圖、操作焊錫接線、處理硬體結構樹的定義，以及分析 SPI 訊號等。

「第 13 章，動起來吧！init 程式」中，將會介紹用戶空間中第一支執行的程式，也是負責啟動系統其他元件的程式：init。當中將介紹 init 程式的三種版本，從最單純的 BusyBox init、System V init，再到現今最常被採用的 systemd，每種版本都有對應不同合適的嵌入式系統情境。

「第 14 章，使用 BusyBox runit 快速啟動」中，將會深入說明如何使用 Buildroot 將系統劃分為獨立的 BusyBox runit 服務，每個服務都有自己專用的服務監督與服務紀錄，就像 systemd 提供的功能一樣。

「第 15 章，電源管理」中，將會討論各種能夠節降 Linux 系統耗電量的手段，包括動態時脈、電壓調整、選擇採用深層閒置狀態，甚至讓系統進入睡眠。然而，不論是哪一種策略，目標都是在於讓電池的運作更持久、讓系統不要過熱。

「第 16 章，打包 Python 應用程式」中，將會利用 Python 這個程式語言的開發情境，說明如何將 Python 模組一同打包並部署，以及討論 pip、虛擬環境、conda、Docker 等各種打包部署手段的使用時機。

「第 17 章，程序與執行緒」中，將會以應用程式開發者的角度切入，以此觀點來說明嵌入式系統。這個章節將會介紹程序、執行緒、程序之間的通訊方式，以及關於排程上的策略。

「第 18 章，記憶體管理」中，將會介紹虛擬記憶體的原理，以及如何將位址空間配置為記憶體的映射。在這邊，還會探討到如何確認記憶體的使用量，以及偵測記憶體洩漏問題。

「第 19 章，以 GDB 除錯」中，將會告訴你如何使用 GDB 這個 GNU 的除錯器，並搭配除錯代理程式（debug agent）gdbserver，從遠端對目標裝置進行除錯作業。此外，我們還會進一步針對內核程式碼的部分，利用 KGDB 這項工具進行除錯作業。

「第 20 章，剖析與追蹤」中，將會探討可用來量測系統效能的技巧，從對整個系統全面性的剖析開始，然後逐步縮小範圍鎖定到真正造成效能低下的特定瓶頸問題。在這邊還會介紹 Valgrind，並使用這項工具確認應用程式內的執行緒同步機制以及記憶體配置是否有出現異常。

「第 21 章，即時系統開發」中，將會針對 Linux 上的即時作業開發提供詳盡的指引，包括對內核的設定，以及如何進行 PREEMPT_RT 即時系統版本的內核修補，並且介紹 Ftrace 工具，以便量測即時系統情境下的內核延遲問題。在這邊，還會探討各類內核設定下會造成的影響。

閱讀須知

本書全面使用開源軟體。大多數時候，筆者都是採用本書寫成當下該軟體的最新穩定版本。不過，即使筆者在敘述時已盡量避開那些與特定版本相關的功能，不可避免地，本書的範例在將來的某一天還是會因為軟體版本更新而需要做出一定的修改才能運行。

本書採用的硬體／軟體	作業系統需求
BeagleBone Black	無
Raspberry Pi 4	無
QEMU（32 位元 ARM 架構）	Linux（任意發行版）
Yocto Project 3.1（代號 Dunfell）	需相容的 Linux 發行版 *
Buildroot 2020.02 LTS 長期維護版本	Linux（任意發行版）
Crosstool-NG 1.24.0	Linux（任意發行版）
U-Boot v2021.01	Linux（任意發行版）
Linux 5.4 版本內核	Linux（任意發行版）

關於上表 * 的細節，請參考「Yocto Project Quick Build」中的「Compatible Linux Distribution」小節：https://docs.yoctoproject.org/brief-yoctoprojectqs/index.html。

嵌入式 Linux 的開發會同時牽涉到兩個系統：用於編寫程式碼的「開發環境」（the host）以及負責執行這些程式的「目標環境」（the target）。雖然筆者是採用 Ubuntu 20.04 LTS 長期維護版本作為開發環境，但只要稍微修改一下，其實大多數的 Linux 發行版都能作為此用。只是，如果有讀者想要以虛擬機器的方式運行 Linux 作業系統，就要注意本書中某些範例（例如以 Yocto Project 組建出自訂發行版）對「作業系統」與「環境」的要求會比較多，因此最好還是以非虛擬的 Linux 作業系統安裝進行。

至於在目標環境這一方面，筆者則是提供了三種不同範例：QEMU 的模擬器（emulator）、BeagleBone Black 機板，以及 Raspberry Pi 4 機板。其中 QEMU 模擬器適合在無法取得硬體的情況下使用，本書中大多數的範例都能以 QEMU 進行操作。但如果手上有硬體的話，操作起來還是會比較有實感，因此筆者選擇了入手門檻比較低的 BeagleBone Black 作為第二種選項，方便入手、廣為採用，並且有著非常活躍的支援社群。第三種選項的 Raspberry Pi 4 則是因為本身就內建了 Wi-Fi 與藍牙模組的關係，因此被筆者納入採用。當然了，其實讀者們也不一定要侷限在這幾種環境，主要還是為了盡可能地提供可通用的範例與操作情境，以便將解決方案套用到各式各樣的目標機板（target board）上。

下載範例程式檔案

你可以從 GitHub 下載本書的範例程式碼：`https://github.com/PacktPublishing/Mastering-Embedded-Linux-Programming-Third-Edition`。

如果程式碼有更新，筆者也會直接更新在這份 GitHub 儲存庫上。在 `https://github.com/PacktPublishing/`，我們還為各類專書提供了豐富的程式碼和影片資源。讀者可以去查看一下！

下載本書的彩色圖片

我們還提供你一個 PDF 檔案，其中包含本書使用的彩色截圖和圖表，可以在此下載：`https://static.packt-cdn.com/downloads/9781789530384_ColorImages.pdf`。

本書排版格式

在這本書中，你會發現許多不同種類的排版格式。

段落間的程式碼（Code in text）：在文本中的程式碼、資料庫表格名稱、資料夾名稱、檔案名稱、副檔名、路徑名稱、網址、使用者的輸入和 Twitter 帳號名稱。舉例來說：「我們需要 User Mode Linux（UML）專案中的 tunctl 指令工具，才能設定開發環境端的網路連線。」

程式碼區塊，會以如下方式呈現：

```
#include <stdio.h>
#include <stdlib.h>
int main (int argc, char *argv[])
{
    printf ("Hello, world!\n");
    return 0;
}
```

指令列環境的輸入或輸出則如下所示：

```
$ sudo tunctl -u $(whoami) -t tap0
```

粗體字：本書中第一次出現的專有名詞和重要詞彙，或是讀者們操作範例時在畫面上看到的輸出，會以粗黑字體顯示。舉例來說，主選單或對話視窗當中的字串，會以如下格式呈現：「點擊 Etcher 中的 **Flash** 選項開始寫入映像檔。」

Tip、 Note

小提醒、小技巧或警告等重要訊息，會出現在像這樣的文字方塊中。

讀者回饋

我們始終歡迎讀者的回饋。

一般回饋：如果你對本書的任何方面有疑問，請發送電子郵件到 customercare@ packtpub.com，並在郵件的主題中註明書籍名稱。

提供勘誤：雖然我們已經盡力確保內容的正確性與準確性，但錯誤還是可能會發生。若你在本書中發現錯誤，請向我們回報，我們會非常感謝你。勘誤表網址為 www. packtpub.com/support/errata，請選擇你購買的書籍，點擊 Errata Submission Form，並輸入你的勘誤細節。

侵權問題：如果讀者在網路上有發現任何本公司的盜版出版品，請不吝告知，並提供下載連結或網站名稱，感謝您的協助。請寄信到 copyright@packt.com 告知侵權情形。

著作投稿：如果你具有專業知識，並對寫作和貢獻知識有濃厚興趣，請參考：http:// authors.packtpub.com。

讀者評論

我們很樂意聽到你的想法！當你使用並閱讀完本書時，何不到 Packt 官網分享你的回饋？讓尚未接觸過本書的潛在讀者，可以在 Packt 官網看到你客觀的評論，並做出購買決策。讓 Packt 可以了解你對我們書籍產品的想法，並讓 Packt 的作者可以看到你對他們著作的回饋。謝謝你！

有關 Packt 的更多資訊，請造訪 packtpub.com。

Section 3

開發嵌入式應用程式

Section 3 將介紹如何在嵌入式 Linux 平台上開發應用程式，使裝置正常運作，達成開發目標。此外，我們還會以 Python 開發情境為例，說明如何在迭代開發流程中快速地打包與部署應用程式。接著，我們會討論如何運用 Linux 的程序與執行緒，以及如何在資源有限的裝置上管理記憶體空間。

Section 3 包含了以下章節：

- 第 16 章：打包 Python 應用程式
- 第 17 章：程序與執行緒
- 第 18 章：記憶體管理

16

打包Python應用程式

Python 是目前機器學習（machine learning）領域運用最廣泛的程式語言之一，而機器學習正急速普及到我們的日常生活中，因此，Python 程式在裝置上的執行需求也隨之大增，這一點就不足為奇了。然而，即使在轉譯器（transpiler）與 WebAssembly 技術成熟的現代，如何順利打包並部署 Python 應用程式，有時依然是個難題。因此，在本章節中，我們將討論打包 Python 模組的各種方式，以及探討運用這些方式的時機。

首先，我們會從現今 Python 打包方案的發展歷程開始說起，從內建的標準 distutils 到它的後繼者 setuptools。接著，我們會介紹 pip 套件管理器（package manager），然後再介紹 Python 虛擬環境 venv，以及當今通用的跨平台解決方案 conda。最後，我們會示範如何利用 Docker，將 Python 應用程式與其用戶空間執行環境綁定在一起，以快速地部署上雲端。

Python 是一種直譯型程式語言，代表它無法像 Go 程式語言那樣先編譯成一個可獨立執行的程式之後，再部署上去。這讓 Python 應用程式的部署變得複雜，因為執行 Python 應用程式時，需要安裝 Python 直譯器（interpreter）以及處理好執行期依賴關係，才能正常運作。而且，這些元件還需要與應用程式所使用的程式版本相容，換句話說，我們必須精準掌握軟體元件的版本管控。而 Python 的打包方案就是圍繞在這些與部署有關的議題上。

在本章節中，我們將帶領各位讀者一起了解：

- Python 打包方案的發展歷程
- 利用 pip 安裝 Python 套件
- 透過 venv 管理 Python 虛擬環境
- 藉由 conda 安裝編譯好的檔案
- 使用 Docker 部署 Python 應用程式

環境準備

執行本章節中的範例時，請讀者先準備如下環境：

- Python：Python 3 直譯器與標準函式庫
- pip：Python 3 的套件安裝工具（package installer）
- venv：建立與管理輕量虛擬環境的 Python 模組
- Miniconda：conda 套件與虛擬環境管理器的輕量安裝工具
- Docker：用於組建、部署和運行「容器內的軟體」的工具

建議在 Ubuntu 20.04 長期維護版本（或更新的作業系統環境）執行本章節的範例。雖然 Raspberry Pi 4 機板上也可以運行 Ubuntu 20.04 長期維護版本，但筆者還是建議在另外一台 x86_64 的桌上型電腦或筆電上進行開發工作，這樣比較適合。之所以選用 Ubuntu 作為開發環境，主要是因為該作業系統的版本維護者們持續更新儲存庫中的 Docker 版本。此外，在 Ubuntu 20.04 長期維護版本中，已經內建了我們範例所需的 Python 3 和 pip 工具。這對「會大量使用到 Python 的 Ubuntu 系統」來說是很重要的。因此，請不要解除安裝 python3，否則作業系統運作會變得不穩定。如果需要在 Ubuntu 系統上安裝 venv，請另外執行以下指令：

```
$ sudo apt install python3-venv
```

> **Note**
> 在進行到與 conda 有關的部分之前，請先不要安裝 Miniconda，因為這會影響前半段需要使用系統內建 Python 安裝的 pip 範例。

接下來，我們先安裝 Docker。

安裝 Docker

要在 Ubuntu 20.04 長期維護版本上安裝 Docker，請依照如下指示執行：

1. 請先更新對套件儲存庫的參照：

    ```
    $ sudo apt update
    ```

2. 安裝 Docker：

    ```
    $ sudo apt install docker.io
    ```

3. 啟動 Docker，並將它設定為開機時啟動的常駐服務：

    ```
    $ sudo systemctl enable --now docker
    ```

4. 將目前登入的使用者帳號加入 docker 群組中：

    ```
    $ sudo usermod -aG docker <username>
    ```

請將上述指令中的 `<username>` 字樣，替換為你實際登入時的使用者帳號名稱。此外，筆者也建議不要直接使用 Ubuntu 預設的使用者帳號，因為 ubuntu 是內建用來管理的，你應該另外新建一個才對。

Python 打包方案的發展歷程

Python 打包方案的發展歷程，可說是一條充滿了失敗嘗試與廢棄工具的艱辛道路。對於 Python 社群推薦的「依賴關係管理」最佳做法（best practice），也經常會有變動。有些在前一年還被視為建議的解決方案（recommended solution），但隔一年就成為廢案了。因此，當讀者閱讀本書時，應該隨時追蹤和關注最新的資訊，並留意那些已經過時的建議。

大多數的 Python 函式庫都是經由 distutils 或 setuptools 部署和安裝的，這包括了 **PyPI（Python Package Index）** 上面的所有套件。無論是哪一種方式，都是透過 setup.py 進行的，這是 **pip（Python 的套件安裝工具）** 在安裝套件時所使用的專案規格檔案（project specification file）。pip 還可以在安裝專案後，產生或凍結

（freeze）一份精確的依賴關係清單。雖然這份 requirements.txt 檔案是非必要的，但與 steup.py 結合使用，就可以確保 pip 的專案安裝作業是可重複的（repeatable，即具有可重現性）。

distutils

distutils 是 Python 最早的打包系統（packaging system），自從 Python 2.0 版本以來就一直是 Python 標準函式庫的一部分。distutils 提供一份同名的 Python 套件，可供你的 setup.py 指令檔引用。雖然在 Python 當中還是可以找到 distutils，但它缺少一些必要的功能，因此現在並不鼓勵直接使用它，而是建議改用 setuptools 作為替代方案。

雖然對較單純的專案而言，distutils 還是夠用，但整體社群發展方向已經不再回頭。如今 distutils 還存在，僅僅是因為一些舊有專案的需求罷了，畢竟很多 Python 函式庫最初是在「只有 distutils 可用的年代」開發的，現在要將它們移植到 setuptools 上，需要為此付出許多心力，而且可能會影響現有的使用者們。

setuptools

為了處理大型應用程式在部署時的複雜議題，setuptools 因而對 distutils 進行了擴展，在實質上已經成為 Python 社群現行的打包系統。setuptools 與 distutils 相同，它也提供一份同名的 Python 套件，可供你的 setup.py 指令檔引用。在 setuptools 的發展歷程中，曾有一個名為 distribute 的分支專案，但後來在 setuptools 的 0.7 版本又合併回去了，就此奠定 setuptools 在 Python 打包方案中的地位。

setuptools 包含一項名為 easy_install 的指令列工具程式（但現已棄用），以及一個名為 pkg_resource 的 Python 套件（它可以在執行期間查找套件和存取資源檔案）。此外，setuptools 還能針對可擴展的套件（例如框架類或是應用程式類的套件）產製外掛（plugin）套件。你只需要在套件的 setup.py 中註冊一個可匯入其他外掛套件的進入點（entry point）即可。

在 Python 當中，「發佈包」（distribution）這個詞彙有著不同的意思，這裡指的是將套件、模組和其他資源打包成發行版（release）檔案並發佈出去。「發行版」

（release）這個詞彙指的則是一個 Python 專案在某個時間點快照下來的版本。但是在 Python 開發者之間，常常會將 distribution（發佈包）與 package（套件）混用，進一步加深了這些詞語的混淆和誤解。因此在本書中，我們將以「發佈包」來稱呼那些供人下載使用的檔案，至於最終安裝並引用的那些模組檔案，則以「套件」稱呼之。

製作「發行版」時，可能會產生多個「發佈包」，例如：一個「原始碼發佈包」（source distribution）和一個或多個「已組建發佈包」（built distribution）。不同的平台可能會有不同的「已組建發佈包」，例如：一個包含 Windows 安裝程式的發佈包。這種「已組建發佈包」意味著在安裝步驟之前不需要組建步驟，但這不一定是預先編譯的（precompiled）。某些已組建發佈包格式，如 **Wheel**（.whl），可能會排除任何「已編譯的 Python 檔案」。至於那些含有已編譯檔案的「已組建發佈包」，則被稱為「二進位發佈包」（binary distribution）。

和用 Python 寫成的單純模組（pure module）不同，**延伸模組（extension module）** 指的是用 C 或 C++ 寫成的 Python 模組。所有的延伸模組都會被編譯成單一可供動態載入的函式庫，例如：在 Linux 上是共享物件（shared object），即 .so，在 Windows 上是 DLL 檔案，即 .pyd。setuptools 的已組建發佈包格式 Egg，即 .egg，對單純模組和延伸模組都有支援。由於 Python 直譯器在執行期間載入模組時，Python 的原始碼檔案（即 .py）會被編譯成位元組碼（bytecode）檔案（即 .pyc），因此你可以看到，一個如 Wheel 的已組建發佈包格式，是如何排除這些預先編譯的 Python 檔案的。

setup.py

假設我們今天要開發一個小型 Python 程式，比方說，一個像這樣的程式：向遠端 REST API 發出查詢請求，並將回應所得的資料存入本地端 SQL 資料庫。但在開發之後，又該如何將程式以及程式的依賴對象一同打包起來，以便部署呢？我們首先要做的，就是定義與編寫一份 **setup.py** 指令檔，以便透過 setuptools 安裝程式，而這是我們邁向自動化部署的重要一步。

只是，即使程式剛開發出來時規模再怎麼小，就算小到僅僅一個模組的程度，也有可能會在不遠的將來增長。假設剛開始就是如底下這樣，只有一個 follower.py 檔案的程度而已：

```
$ tree follower
follower
└── follower.py
```

但考慮到之後的專案發展情形,我們其實可以再把這個 `follower.py` 拆分成三個模組,然後一同放在 `follower` 這個巢狀子目錄底下:

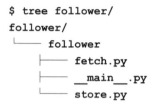

```
$ tree follower/
follower/
└── follower
    ├── fetch.py
    ├── __main__.py
    └── store.py
```

其中 `__main__.py` 模組是你的程式啟動的地方,因此裡面都是直接面向使用者、最上層的功能介面。`fetch.py` 模組包含「向遠端 REST API 發送 HTTP 請求」的函式,而 `store.py` 模組包含「將回應所得的資料存入本地端 SQL 資料庫」的函式。若要將這個套件當作指令檔執行,你需要向 Python 直譯器傳遞 `-m` 參數,如下所示:

```
$ PYTHONPATH=follower python -m follower
```

`PYTHONPATH` 環境變數指向目標專案套件檔案所在的目錄路徑。`-m` 後面的 `follower` 參數,是指示 Python 執行屬於 `follower` 套件的 `__main__.py` 模組。像這樣在專案底下再分割成不同命名空間的套件檔案目錄,就可以預先為「程式專案將來發展為更大型、擁有多個不同套件的應用程式」做好準備。

在準備好專案的目錄結構後,就可以來編寫一份小型的 `setup.py` 檔案,透過 setuptools 打包並部署它:

```python
from setuptools import setup

setup(
    name='follower',
    version='0.1',
    packages=['follower'],
    include_package_data=True,
    install_requires=['requests', 'sqlalchemy']
)
```

其中 install_requires 指的是程式執行時所需要的外部依賴關係清單，需要 setuptools 幫我們自動安裝。請注意，清單中完全沒有指定這些依賴對象的版本需求，也沒有設定取得這些依賴對象的來源管道，它只定義了 requests 與 sqlalchemy 這樣的函式庫名稱而已。像這樣把「函式庫對象」（原則）與「實際對象」（實作）的概念區隔開來，就可以方便我們隨時因應 bug 修補或是功能擴展的需求，將「PyPI 官方提供的版本」替換成「自己的版本」。此外也要注意，在 setup.py 中不要寫死發佈包的下載來源 URL（dependency_links），但對依賴關係加上版本編號的指定是可以的。

packages 參數會指定「專案中的哪些套件」，要在專案發佈時，由 setuptools 一起打包成為發佈包。在範例的目錄結構中，每個套件都位於主專案目錄下的一個子目錄內，因此就目前來說，唯一要跟著打包的就是 follower 這個套件而已。由於我們需要把一些資料檔案隨 Python 程式碼一同打包，所以要將 include_package_data 這個參數設定為 True，這樣 setuptools 就會根據 MANIFEST.in 中的檔案清單，將這些檔案也安裝進去。底下是範例的 MANIFEST.in 檔案內容：

```
include data/events.db
```

要是在 data 目錄底下還有巢狀的子目錄結構，我們也可以直接用 recursive-include（遞迴引用）的形式，將這些子目錄底下的內容一同包括進去：

```
recursive-include data *
```

範例的專案目錄結構，最終如下所示：

```
$ tree follower
follower
├── data
│   └── events.db
├── follower
│   ├── fetch.py
│   ├── __init__.py
│   └── store.py
├── MANIFEST.in
└── setup.py
```

setuptools 能幫助我們輕鬆完成 Python 套件的組建，以及管理與其他套件之間的依賴關係，這要歸功於一些 distutils 所缺少的特性，例如定義明確的專案進入點和依賴關係宣告。setuptools 除了能夠與 pip 搭配得很好之外，也有穩定地在進行更新。Wheel 這個已組建發佈包格式，起初是為了取代 setuptools 的 Egg 格式而推出的。這樣的努力大致上成功了：因為 setuptools 推出了一個流行的擴充套件（extension）來支援組建 Wheel，而 pip 也在安裝 Wheel 方面給予大力支持，這才讓 Wheel 取得了重大的成功。

利用 pip 安裝 Python 套件

在了解如何運用 setup.py 指令檔來定義專案依賴關係之後，接下來的問題是：我們要怎麼安裝這些依賴對象？如果找到更好或更新的依賴對象，又該如何替換掉？萬一哪天我們不需要這些依賴對象了，如何確定可以安全地從定義中刪掉？這些都是依賴關係管理方面的重要議題。幸好我們手邊就有 Python 的 **pip** 工具，在專案初期就可以提供不小幫助。

pip 最初的 1.0 發行版於 2011 年 4 月 4 日問世，當時正值 Node.js 和 npm 興起。在成為 pip 之前，它原本的名稱是 pyinstall。pyinstall 是在 2008 年被建立出來的；當時 easy_install 工具是與 setuptools 捆綁在一起，提供給使用者，而 pyinstall 是 easy_install 工具的一個替代方案。現在 easy_install 已經被棄用了，setuptools 建議改用 pip。

pip 是隨 Python 安裝程式內附的。由於同一個作業系統上可以同時安裝多種版本的 Python（例如同時安裝 2.7 與 3.8），因此，我們首先需要知道目前運行的 pip 版本為何：

```
$ pip --version
```

如果你發現系統上找不到 pip 可執行檔（executable）也不要緊，很有可能只是因為你的作業系統環境是 Ubuntu 20.04 長期維護版本（或更新的版本），所以系統內建安裝的並非 Python 2.7。如果是這樣的話，在接下來的範例中，只要用 pip3 取代 pip，並用 python3 取代 python 就好：

```
$ pip3 --version
```

如果讀者遇到的情況是有 python3，但卻找不到 pip3 可執行檔，那麼對於 Ubuntu 這類 Debian 衍生作業系統來說，請執行以下指令安裝：

```
$ sudo apt install python3-pip
```

pip 會將套件安裝到一個名為 site-packages 的目錄底下。至於我們如何得知這個 site-packages 的目錄路徑所在？請執行以下指令即可：

```
$ python3 -m site | grep ^USER_SITE
```

> **Note**
> 值得注意的是，這邊所展示的 pip3 與 python3 指令範例，僅適用於沒有安裝 Python 2.7 的 Ubuntu 20.04 長期維護版本（或更新的版本）。大多數的 Liunx 發行版中已經內建 pip 與 python 可執行檔，所以如果讀者的環境已經有這些工具了，請使用該 Linux 系統所提供的 python 與 pip 指令就好。

使用如下指令，查看系統中已經安裝的套件清單：

```
$ pip3 list
```

在這個清單中，我們可以看到 pip 本身也只是其中一個 Python 套件而已，所以照理講，可以用 pip 來更新 pip 自己。但筆者不建議這樣做，至少不要把這個當作習慣。至於原因為何？稍後談到虛擬環境時會再解釋。

執行如下指令，查看 site-packages 目錄底下安裝了哪些套件：

```
$ pip3 list --user
```

與系統套件清單相比，這個清單通常應該為空，或是項目較少。

此時，我們可以回到先前範例專案中 setup.py 所在的 follower 目錄底下，試著執行如下指令：

```
$ pip3 install --ignore-installed --user .
```

pip 會根據 install_requires 中所定義的內容,下載並安裝這些套件到 site-packages 目錄中。--user 參數會告訴 pip,將套件安裝到使用者自訂的路徑,而非全域的 site-packages 路徑底下。--ignore-installed 參數則會強制 pip,將依賴關係中的所有套件都安裝到 site-packages 目錄底下,即使在系統上已安裝的套件也不會被忽略,以此確保不會有任何遺漏。安裝後,再次查看 site-packages 下的套件清單:

```
$ pip3 list --user
Package     Version
----------  ---------
certifi     2020.6.20
chardet     3.0.4
follower    0.1
idna        2.10
requests    2.24.0
SQLAlchemy  1.3.18
urllib3     1.25.10
```

這次你會看到 requests 與 SQLAlchemy 都出現在套件清單內。

我們還可以再進一步查看關於 SQLAlchemy 套件的詳細資訊:

```
$ pip3 show sqlalchemy
```

詳細資訊中會包括 Requires 與 Required-by 兩個欄位,在這兩個欄位下方列出的就是與該套件有關的其他套件。透過這些欄位中的資訊,我們就能不斷地用 pip show 追蹤專案的整串依賴關係。不過,在追蹤依賴關係時,使用另一份名為 pipdeptree 的指令列工具可能更簡單一些,同樣使用 pip install 就可以安裝它。

如果 Required-by 欄位為空,就表示我們可以放心地從系統上解除安裝這個套件。解除安裝後,如果「此套件的 Requires 欄位內的套件」沒有被其他套件所依賴,就表示那些套件同樣也可以被移除。以 sqlalchemy 為例,解除安裝的 pip 指令如下:

```
$ pip3 uninstall sqlalchemy -y
```

指令最後的 -y 參數會停用過程中需要使用者確認的提示訊息。如果需要一次解除安裝多個套件，只需要在 -y 前面加入多個套件的名稱即可。這邊之所以不需要再額外加上 --user 參數，是因為 pip 很聰明，當一個套件同時被安裝在全域路徑與 site-packages 路徑底下時，它會先從 site-packages 開始解除安裝。

有時候，我們會在不清楚套件名稱的情況下，為了特定目的或是需要某種特定技術而尋找套件。此時，雖然可以透過 pip 用關鍵字直接對 PyPI 進行搜尋，卻往往會得到過多的搜尋結果。這時候，建議還是直接到 PyPI 網站（https://pypi.org/search/）搜尋套件會比較好，我們可以利用各種分類進一步篩選結果。

requirements.txt

雖然 pip install 指令會自動幫我們安裝套件的最新版本，但實務上往往都是配合專案的程式碼，指定了某個版本來安裝的。這也導致總有一天會遇到需要升級這些專案依賴關係的時候。不過，在談到版本升級的議題之前，先來看看如何透過 pip freeze 指令避免依賴關係可能出現的問題。

使用需求管理檔案，就可以指定 pip 需要安裝的套件與這些套件的版本。按照慣例，這個**需求管理檔案（requirements files）**一般都會被命名為 requirements.txt，內容則是以 pip install 參數的形式，列舉出專案依賴關係。由於這些列舉出來的依賴關係都是指定了版本編號的，因此最好是能夠將這份 requirements.txt 檔案也納入專案的儲存庫管理，這樣一來，當其他人在重新組建並部署專案時，就可以確保可重現性，而不會有任何意外情況發生。

現在回到本書的 follower 範例專案。現在我們已經安裝好所有的依賴套件，並確認程式碼運作無誤。接下來，我們要凍結一份 pip 為我們安裝的套件的「最新版本」，以防萬一。pip 的 freeze 指令會輸出已安裝套件及其版本編號，於是我們就能夠將這個指令的輸出重新導向到一個 requirements.txt 檔案中：

```
$ pip3 freeze --user > requirements.txt
```

這樣就完成 requirements.txt 檔案的準備了。此後凡是複製下載了專案內容的人，都可以用 -r 加上需求管理檔案的檔名，完整地重現（再現）對套件的依賴關係：

```
$ pip3 install --user -r requirements.txt
```

這份由指令工具產製的需求管理檔案，內容的格式預設會採用絕對相符（==）的比對方式。舉例來說，假設有一行寫著 `request==2.22.0`，那麼意思就是指定 pip 必須安裝 2.22.0 版本編號的套件，在編號上不可以有任何差異。但其實在版本編號的比對上，還有其他方式可以採用，例如：最低版本（>=）、排除版本（!=）、最高版本（<=）等。最低版本（>=）意思是，任何比「運算子右側的運算元版本」高或相等的皆可；排除版本（!=）則是只要與「右側運算元版本」不同皆可；最高版本（<=）是任何比「運算子右側的運算元版本」低或相等的皆可。

此外，還可以用逗號（,）分隔的方式，在同一行中結合以上多種運算子做篩選指定：

```
requests >=2.22.0,<3.0
```

pip 在根據「需求管理檔案」安裝套件時，預設會從 PyPI 搜尋這些套件。但實際上，只要在 `requirements.txt` 檔案的開頭加上這一行，就可以覆蓋 PyPI 官方 URL（https://pypi.org/simple/），並使用自訂的 Python 套件搜尋來源：

```
--index-url http://pypi.mydomain.com/mirror
```

然而，建立並維護一個自己的 PyPI 鏡像來源並不輕鬆。如果我們需要的，只是為了對「專案中的某個依賴對象」添加功能或是進行修補的話，那麼與其建立一整個套件庫鏡像，不如直接變更套件來源就好。

> **Tip**
>
> NVIDIA Jetson Nano 的 Jetpack SDK 4.3 版本是基於 Ubuntu 18.04 長期維護版本的，而在 Jetpack SDK 中，針對 Nano 的 NVIDIA Maxwell 128 CUDA 核心提供了軟體層面上的擴充支援，例如：GPU 驅動程式、其他執行階段可用的元件等。此時，我們就可以從 NVIDIA 的套件索引（package index）下載並安裝 TensorFlow 的 GPU 加速功能：
>
> ```
> $ pip install --user --extra-index-url https://developer.
> download.nvidia.com/compute/redist/jp/v43 tensorflow-
> gpu==2.0.0+nv20.1
> ```

筆者之前提到，在 `setup.py` 中「直接寫死下載來源 URL」的做法是錯的。我們可以在需求管理檔案中用 `-e` 參數變更（覆蓋）某個套件的下載來源：

```
-e git+https://github.com/myteam/flask.git#egg=flask
```

在這個範例中，筆者指示 `pip` 從「我的開發團隊在 GitHub 上的 `pallets/flask.git` 分支」中獲取 `flask` 套件來源。其中 `-e` 能接受的參數值，可以是 Git 分支名稱、提交時的雜湊碼，或者是標籤名稱：

```
-e git+https://github.com/myteam/flask.git@master
-e git+https://github.com/myteam/flask.git@5142930ef57e2f0ada00248bda
eb95406d18eb7c
-e git+https://github.com/myteam/flask.git@v1.0
```

使用 `pip` 將專案的依賴套件升級至 PyPI 上的最新版本，這也很簡單：

```
$ pip3 install --upgrade -user -r requirements.txt
```

升級後，只要確認最新版本的升級結果不會影響專案運作，你就可以把升級狀態寫回 requirements.txt 檔案內：

```
$ pip3 freeze --user > requirements.txt
```

更新後，請記得確認一下凍結的動作沒有覆蓋任何你在需求管理檔案中的自訂變更或是版本指定。如果出現問題，就修改回去，接著就能把新的 requirements.txt 檔案提交到版本控管系統中了。

然而有時候，我們會在升級這些依賴對象時，遇到新版本套件與舊版本套件之間不相容的情況，造成專案升級後無法正常運作的問題。此時就要利用需求管理檔案的語法來應對這類問題。比方說，我們原先採用了 `requests` 套件 2.22.0 版本，但後來該套件升級到了 3.0 版本。這邊先假設該套件的版本編號有遵循標準，那麼主版本編號的更動，就意味著 `requests` 中函式庫的 API 介面出現了不相容的更動。此時，我們就可以在需求管理檔案中，對版本編號比對進行如下設定：

```
requests ~= 2.22.0
```

相容比對運算子（`~=`）的效果純粹依靠套件是否有確實遵循版本編號標準。所謂的「相容」（compatible）指的是任何比「右側運算元版本編號」高或相等、且尚未進到下一個主版本編號者（如 `>= 1.1`、`== 1.*`）。之前我們其實有看過這類比對的另外一種寫法：

```
requests >=2.22.0,<3.0
```

如果是一次只開發一份 Python 專案，那麼這種 pip 依賴關係管理的技巧還算夠用。但實際的情況是，我們經常會在同一台開發環境上同時管理多個 Python 專案，甚至不同專案之間可能會使用不同的 Python 直譯器。要是這時僅依靠 pip 做依賴關係管理，最大的問題就是會把所有套件都安裝到特定 Python 版本的 site-packages 目錄底下，而這樣一來，就難以釐清不同專案之間會使用到的套件了。

因此後面我們會再說明，pip 與 Docker 的結合可以很好地解決這類「部署 Python 應用程式」的問題。雖然你也可以將 pip 添加到 Buildroot 或 Yocto 的 Linux 映像檔內，但這種做法只適合用於「加速上板（onboard）測試」的階段。畢竟，pip 這類執行期的套件安裝工具，並不適合直接內嵌在 Buildroot 與 Yocto 的環境中，我們所期望的，還是能夠在「組建時」就決定嵌入式 Linux 系統映像檔的內容，而不是到了「執行期」再變動。但反過來講，pip 對於 Docker 這類「組建與執行之間界線較為模糊」的容器化技術就很適合了。

在「第 7 章，運用 Yocto Project 開發」中，我們看到在 meta-python 資料層中有可供運用的 Python 模組，我們也學會如何針對應用程式的需求，建立自訂的資料層。因此，我們可以利用同樣的技巧，在自訂的資料層方案檔中，以 pip freeze 產製出來的 requirements.txt 檔案，定義與 meta-python 之間的依賴關係。由於 Buildroot 與 Yocto 都是以系統範圍（system-wide，全系統）的方式安裝 Python 套件的，因此接下來本書要談及的虛擬環境技巧，可能不適用於嵌入式 Linux 的組建作業。但這種做法，確實能夠對 requirements.txt 進行較精準的管理。

透過 venv 管理 Python 虛擬環境

虛擬環境（virtual environment）是一個獨立的目錄結構，其中包含特定 Python 版本的直譯器、用來管理依賴關係的 pip 執行檔，以及本地端的 site-packages 目錄。在不同的虛擬環境之間做切換，代表將 shell 設定為「使用某個虛擬環境獨立目錄結構下的 Python 與 pip 執行檔」。因此，實務上的最佳做法，是不同的專案使用不同的虛擬環境，利用這種虛擬環境層級上的分隔，來解決「兩個不同專案依賴於同一個套件，卻有不同版本需求」的問題。

虛擬環境在 Python 當中並非新概念。畢竟，要在系統範圍的情況下管理 Python 的安裝，就必然會往這個方向發展。虛擬環境的存在，除了能夠讓我們安裝同一個套件的不同版本之外，也可以讓我們同時運行多種不同版本的 Python 直譯器。不過，在本

書寫成當下，兩年前還很流行的工具（pipenv）也已經逐漸退流行了。隨之而來且逐漸興起的，是新的替代工具（poetry），以及 Python 3 自己內建的虛擬環境管理器（venv）。

venv 是自 Python 3.3 版本（2012 年）以來便內建的工具，但由於是與 Python 3 綁定的，因此 venv 與採用 Python 2.7 的專案並不相容。不過，自從對 Python 2.7 的支援在 2020 年 1 月 1 日正式結束後，這個限制就不重要了。venv 本身是基於熱門的 virtualenv 工具開發而來的，virtualenv 這項工具仍然被維護著，也可以在 PyPI 上找到它。如果讀者有一個或多個專案因為一些原因仍需要採用 Python 2.7 的話，那麼你可以使用 virtualenv 而不是 venv 來開發。

預設情況下，venv 會在系統上安裝 Python 的最新版本。但如果系統上同時存在多個版本，你也可以在執行 python3 指令或是建立虛擬環境時，自行指定需要的 Python 版本（細節請參考 The Python Tutorial：https://docs.python.org/3/tutorial/venv.html）。對於全新開發（greenfield）的專案來說，採用最新版本通常是沒什麼問題的。但對於大多數的遺留專案、企業級軟體來說，就不能這樣做了。至於本書範例，我們將採用 Ubuntu 系統內附的 Python 3 來建立與使用虛擬環境。

建立虛擬環境時，首先要確定虛擬環境安裝的位置，然後用目標安裝位置執行 venv 模組，步驟如下所示：

1. 先確認 Ubuntu 系統上有安裝 venv：

   ```
   $ sudo apt install python3-venv
   ```

2. 然後建立專案的工作環境目錄：

   ```
   $ mkdir myproject
   ```

3. 切換到路徑底下：

   ```
   $ cd myproject
   ```

4. 在該路徑底下的 venv 子目錄中建立虛擬環境：

   ```
   $ python3 -m venv ./venv
   ```

這樣就完成虛擬環境的建立了。你可以驗證一下該環境的運作：

1. 回到方才的專案目錄底下：

    ```
    $ cd myproject
    ```

2. 確認系統上是否已安裝 pip3 可執行檔：

    ```
    $ which pip3
    /usr/bin/pip3
    ```

3. 啟用該專案的虛擬環境：

    ```
    $ source ./venv/bin/activate
    ```

4. 再次查看目前系統上使用的 pip3 可執行檔來自何處：

    ```
    (venv) $ which pip3
    /home/frank/myproject/venv/bin/pip3
    ```

5. 列出虛擬環境中的套件有哪些：

    ```
    (venv) $ pip3 list
    Package        Version
    -------------  -------
    pip            20.0.2
    pkg-resources  0.0.0
    setuptools     44.0.0
    ```

如果是在啟用虛擬環境後執行 which pip 指令的話，就會看到 pip 指令現在指向了虛擬環境下的 pip3 可執行檔。反之，在還沒啟動虛擬環境之前，pip 指令是找不到的，這是因為 Ubuntu 20.04 長期維護版本後不再內建 Python 2.7 版本了。同樣的情況也發生在 python 與 python3 指令之間。但在啟動虛擬環境後，就可以省略指令名稱中的 3 字樣，直接執行 pip 或 python 指令了。

接著，讓我們將一個名為 hypothesis 的基於屬性的測試函式庫（property-based testing library）安裝到我們的虛擬環境中：

1. 進入方才的專案目錄底下：

   ```
   $ cd myproject
   ```

2. 再次啟用專案中的虛擬環境：

   ```
   $ source ./venv/bin/activate
   ```

3. 安裝 hypothesis 套件：

   ```
   (venv) $ pip install hypothesis
   ```

4. 列出虛擬環境中現在已安裝的套件：

   ```
   (venv) $ pip list
   Package          Version
   ---------------- -------
   attrs            19.3.0
   hypothesis       5.16.1
   pip              20.0.2
   pkg-resources    0.0.0
   setuptools       44.0.0
   sortedcontainers 2.2.2
   ```

這邊可以看到，除了 hypothesis 之外，還多了兩個套件：attrs 與 sortedcontainers。這兩個其實是 hypothesis 的依賴套件。現在，假設我們有另外一個 Python 專案，但需要的不是 19.3.0 版本的 attrs 套件，而是 18.2.0 版本的。如果是在原本的情況下，這樣的安裝會導致衝突，因為這兩個版本並不相容。但現在有了虛擬環境後，我們就可以在專案各自的虛擬環境下，安裝各自所需要的套件版本了。

但相信讀者應該也發現了，單單只是切換專案目錄，並不會讓虛擬環境跟著切換或是停用。別擔心，停用虛擬環境只要這樣做即可：

```
(venv) $ deactivate
$
```

這樣就會讓你再次回到全域系統環境之下，也就是當你輸入指令時，必須輸入完整的 python3 與 pip3。以上就是使用 Python 虛擬環境時的基礎知識。在現行的 Python 開發現場，建立與切換虛擬環境已經成為一種常態。將環境隔離開來，可以方便我們追蹤與管理各個專案的依賴關係。而雖然對於嵌入式 Linux 裝置來說，並不適合採用 Python 虛擬環境這個機制，但還是有機會利用 Debian 打包工具 dh-virtualenv 來完成：https://github.com/spotify/dh-virtualenv。

藉由 conda 安裝編譯好的檔案

conda 是一個套件與虛擬環境管理系統，是 **Anaconda** 發行版提供給 PyData 社群使用的。Anaconda 發行版包括 Python，以及多個難以自行組建的開源軟體專案，如 PyTorch、TensorFlow 等。只是 Anaconda 本身體積過大，最小的 **Miniconda** 發行版也要至少 256 MB 之譜，不過幸好 conda 可以獨自安裝，並不需要與 Anaconda 綁定。

儘管 conda 的發展緣由是在 pip 推出不久之後，為了 Python 而開發的，但如今 conda 已發展成如同 APT 或 Homebrew 那樣的通用套件管理器了，可以用於打包以及發佈各種程式語言寫成的軟體。由於 conda 下載的是預先編譯好的二進位檔案，因此在安裝 Python 延伸模組時速度飛快。conda 的另一個賣點是跨平台，可同時支援 Linux、macOS 和 Windows 等系統。

除了本身是套件管理器之外，conda 其實也是一套完整的虛擬環境管理器（virtual environment manager）。凡是 Python 的 venv 虛擬環境可以做到的事情，在 conda 虛擬環境中也可以辦到，因此，除了可以利用 pip 獲取 PyPI 上的套件並安裝到 site-packages 目錄底下之外，我們也可以透過 conda 本身的套件管理功能，從各種不同的管道（如 Anaconda 或其他軟體來源）安裝套件。

環境管理

conda 與 venv 的不同之處在於，conda 的虛擬環境管理器可以更輕鬆地處理 Python 多版本之間（包括 Python 2.7 版本在內）的問題。以下範例需要先在 Ubuntu 系統上安裝 Miniconda 才能進行。我們之所以採用 Miniconda，是因為 Anaconda 有太多預先內建的套件，其中很多對我們來說根本沒有必要。而 Miniconda 則是被精簡過的版本，之後若有必要時，還是可以安裝那些 Anaconda 提供的套件。

請依照如下步驟，在 Ubuntu 20.04 長期維護版本中，安裝與更新 Miniconda：

1. 下載 Miniconda：

    ```
    $ wget https://repo.anaconda.com/miniconda/Miniconda3-latest-
    Linux-x86_64.sh
    ```

2. 安裝 Miniconda：

    ```
    $ bash Miniconda3-latest-Linux-x86_64.sh
    ```

3. 更新主環境中的所有套件：

    ```
    (base) $ conda update --all
    ```

在全新的 Miniconda 安裝中，會附帶有 conda 和一個主環境，這個主環境裡面包含一個 Python 直譯器和一些基本套件。預設情況下，conda 主環境中的這些 python 和 pip 可執行檔，都會被安裝到你的家目錄（home directory）底下。這個 conda 的主環境（root environment）又被稱為 base。你可以透過以下指令來查看這個主環境的所在路徑為何，以及其他可用的 conda 虛擬環境有哪些：

```
(base) $ conda env list
```

在建立新的 conda 虛擬環境之前，讓我們先確認一下主環境的狀態：

1. 安裝 Miniconda 後，開啟一個新的 shell。
2. 確認一下在主環境下 python 的安裝路徑：

    ```
    (base) $ which python
    ```

3. 確認一下這份 python 安裝的版本為何：

    ```
    (base) $ python --version
    ```

4. 確認一下在主環境下 pip 的安裝路徑：

    ```
    (base) $ which pip
    ```

5. 確認一下這份 pip 安裝的版本為何：

```
(base) $ pip --version
```

6. 查看主環境中所有已安裝的套件：

```
(base) $ conda list
```

接著，我們用 py377 的名稱，建立一個新的 conda 虛擬環境：

1. 建立一個新的虛擬環境並命名為 py377：

```
(base) $ conda create --name py377 python=3.7.7
```

2. 啟用這份新建立的虛擬環境：

```
(base) $ source activate py377
```

3. 確認環境中的 python 安裝路徑：

```
(py377) $ which python
```

4. 確認環境中的 Python 版本是否為 3.7.7：

```
(py377) $ python --version
```

5. 查看環境中所有已安裝的套件：

```
(py377) $ conda list
```

6. 停用此環境：

```
(py377) $ conda deactivate
```

而如果我們需要建立 Python 2.7 版本的虛擬環境，只要這樣做就好：

```
(base) $ conda create --name py27 python=2.7.17
```

這時再次查看 conda 中能夠使用的環境清單，就會發現 py377 與 py27 了：

```
(base) $ conda env list
```

最後，刪除我們其實不會用到的 py27 環境：

```
(base) $ conda remove --name py27 -all
```

這樣就完成「如何使用 conda 進行虛擬環境管理」的說明了。接下來，讓我們看看如何管理這些環境內的套件。

套件管理

既然 conda 支援「虛擬環境」這個概念，那麼就可以如同 venv 那樣，在這些獨立的環境中利用 pip 管理不同專案所需的 Python 依賴關係。conda 作為通用套件管理器，本身也有管理依賴關係的功能，例如：conda list 指令會把當前虛擬環境中所有已安裝的套件都列出來。conda 甚至也可以管理套件來源（package feed，又譯套件庫），也就是所謂的通道（channels）：

1. 底下這道指令可以列出 conda 中目前有設定的套件來源：

    ```
    (base) $ conda info
    ```

2. 在繼續執行範例之前，先讓我們切換到方才建立的 py377 環境底下：

    ```
    (base) $ source activate py377
    (py377) $
    ```

3. 如今許多 Python 開發場域都會用到 Jupyter 和 Notebook，所以讓我們先來安裝這兩個套件：

    ```
    (py377) $ conda install jupyter notebook
    ```

4. 出現確認提示時，請輸入 y，然後就會開始安裝 jupyter、notebook 和相關的依賴套件。完成後，輸入 conda list，你會看到列出的「已安裝套件清單」變成了一長串。接下來，安裝一個圖像處理專案會用到的套件：

```
(py377) $ conda install opencv matplotlib
```

5. 同樣在出現提示時輸入 y，不過這次需要安裝的相關依賴對象就比較少了，因為 opencv 和 matplotlib 都同時依賴於 numpy 這個套件，而 conda 會幫我們自動處理好這些依賴關係的安裝。要是你想安裝的 opencv 版本比較舊，你也可以在安裝時這樣指定：

```
(py377) $ conda install opencv=3.4.1
```

6. 在指定版本編號後，conda 會檢查當前虛擬環境的依賴關係問題。不過，由於當下沒有任何其他套件依賴於 opencv，因此「不同的版本」目前還不會造成問題。如果存在依賴關係的話，就可能會出現套件衝突（package conflict），而這個指定版本的重新安裝動作就會失敗。在確認依賴關係可行性後，conda 會提示「它即將降版 opencv 及其相關依賴對象」。輸入 y，開始把 opencv 降版到（降級至）3.4.1 版本。

7. 假設某個時間點我們又改變心意，想要改用較新版本的 opencv，這時更新升級到最新版本也很簡單：

```
(py377) $ conda update opencv
```

8. 這次 conda 會反過來提示，確認你是否要將 opencv 及其相關依賴對象升級到最新版本。不過，這邊我們先輸入 n 取消更新，畢竟一個個針對個別套件進行更新，不如直接一口氣更新整個虛擬環境比較容易：

```
(py377) $ conda update --all
```

9. 解除安裝套件也很簡單：

```
(py377) $ conda remove jupyter notebook
```

10. 解除安裝 jupyter 和 notebook 時，也會解除安裝所有連帶的依賴關係。所謂連帶的依賴關係（dangling dependency），必須是在已安裝套件中，與其他套件沒有依賴關係的套件才行。換句話說，conda 就和大多數的通用套件管理器一樣，不會移除任何其他已安裝套件「還在使用的依賴套件」。

11. 有時候，我們需要知道某個套件的詳細名稱為何。例如 Amazon 為 Python 提供的 AWS SDK 套件，其名稱為 Boto，但就和 Python 函式庫一樣，也有分為「Python 2 系列的 Boto」及「Python 3 系列的 Boto3」這兩種。此時就可以利用如下指令，直接在 Anaconda 套件庫中搜尋含有 boto 這個關鍵字的套件：

```
(py377) $ conda search '*boto*'
```

12. 在搜尋後，我們應該會看到 boto3 與 botocore 的結果。在本書寫成當下，Anaconda 上最新的 boto3 版本編號為 1.13.11。我們還可以使用如下指令，了解某個特定版本的 boto3 套件資訊：

```
(py377) $ conda info boto3=1.13.11
```

13. 套件資訊中會告訴我們，1.13.11 版本的 boto3 套件依賴於 botocore 套件（即 botocore >=1.16.11,<1.17.0），因此只要安裝 boto3，就會同時安裝這兩者。

現在，假設我們已經準備好「要在 Jupyter Notebook 中開發 OpenCV 專案」的一切必要套件了，那麼又該如何將「當前的工作環境」分享給其他開發團隊成員呢？其實答案驚人地簡單：

1. 當前的虛擬環境設定可以直接被輸出成一份 YAML 格式檔：

```
(py377) $ conda env export > my-environment.yaml
```

2. 這個動作其實就和 pip freeze 的凍結類似，在 conda 匯出的 YAML 檔案中，含有虛擬環境底下的所有套件及其版本編號。當你要根據這份環境設定檔建立 conda 虛擬環境時，只要加上 -f 參數就好：

```
$ conda env create -f my-environment.yaml
```

3. 由於在匯出的 YAML 檔案中也包括了當時環境的名稱,因此重新建立環境時,就不需要再額外輸入 --name 參數了。換句話說,任何使用這份 my-environment.yaml 建立虛擬環境的人,都會在 conda env list 中看到 py377 環境。

如上所示,conda 對於開發人員來說,是一項非常強大的工具。它結合了通用套件管理器和虛擬環境,在部署議題上達成了一項受人矚目的成就。而且 conda 在沒有使用容器化技術的情況下,就實現了與(後面會介紹的)Docker 相同的目標。更不用說,在資料科學社群所需要的 Python 這一方面,conda 比 Docker 更有優勢,因為許多機器學習領域的領頭羊(如 PyTorch 與 TensorFlow)都是基於 CUDA 架構的,因此要找到針對 GPU 加速優化過的二進位編譯檔並不容易。在這一點上,conda 提供各種預先編譯好的二進位套件版本,解決了這個問題。

而且「可匯出為 YAML 檔案的 conda 虛擬環境」也提供了一種在其他電腦上的部署方式,這種方式在資料科學社群尤其受到歡迎。但這方式並不適用於嵌入式 Linux 的環境,而且在 Yocto 中並未支援 conda 作為套件管理器。即使今天將 conda 作為選項納入,並只在 Linux 映像檔中塞入最小體積的 Miniconda,也不適用於大多數嵌入式系統的資源受限情境。

如果讀者手上的開發機板有像 NVIDIA Jetson 系列這樣的 NVIDIA GPU,那麼你可以認真考慮在開發時採用 conda 作為套件管理器。幸運的是,剛好有一套名為 **Miniforge**(https://github.com/conda-forge/miniforge)的 conda 安裝軟體,可以在 Jetson 這類 64 位元 ARM 機器上使用。有了 conda,你就可以安裝 jupyter、numpy、pandas、scikit-learn,以及許許多多現在流行的資料科學 Python 函式庫了。

使用 Docker 部署 Python 應用程式

Docker 提供了另一種將「Python 程式碼」與「其他程式語言編寫的軟體」打包在一起的方法。Docker 的理念,並不是像傳統那樣僅組建與打包應用程式,然後部署到一個需要事先設定的伺服器環境,而是將應用程式及其所有執行期依賴關係,通通組建為**一份容器映像檔(container image)**,然後部署上去。容器映像檔更像是一個虛擬環境,而不是一台虛擬機器。因為一台**虛擬機器(virtual machine)**是一個完整系統映像檔,其中包括內核和作業系統。容器映像檔則是一個小型的用戶空間環境,其中僅含有運行應用程式所需的各種編譯檔而已。

虛擬機器會在一個模擬了硬體裝置的**虛擬機器管理程式（hypervisor）**上運行；而容器則是直接在所處的作業系統上運行。因此與虛擬機器不同的是，容器不需要模擬硬體，而是共用著同樣的作業系統與內核，並依靠 Linux 內核的兩項特殊功能來進行分隔，即 **namespace** 與 **cgroup**。Docker 並非是容器化技術的發明者，但他們是第一個開發出工具、讓容器化技術這項概念易於運用的先行者。從此我們不再有藉口迴避處理繁雜的組建與部署工作，因為 Docker 與容器映像檔使這一切變得輕鬆簡單。

Dockerfile 的結構

Dockerfile 是一份描述了 Docker 映像檔內容的檔案。每份 Dockerfile 當中都含有一組指令（instruction），設定要使用的環境以及要執行的指令。但與其從頭編寫 Dockerfile，這邊我們直接在範例專案中使用現成的 Dockerfile 作為模板。這份 Dockerfile 所做的事情，其實就是替「一個非常單純的 Flask 網頁應用程式」建立一份 Docker 映像檔，然後，我們就可以根據自己的需求擴充它。這份 Docker 映像檔是以 Alpine Linux 組建的，這是一種非常輕量化的 Linux 發行版，通常被應用於容器部署上。除了 Flask 之外，在 Docker 映像檔中還包括了 uWSGI 與 Nginx，以獲得更佳效能。

我們先用瀏覽器打開 GitHub 上的 uwsgi-nginx-flask-docker 專案：https://github.com/tiangolo/uwsgi-nginx-flask-docker。接著，從 README.md 檔案頁面中，點擊 python-3.8-alpine 這份 Dockerfile 的連結。

查看 Dockerfile 中的第一行內容：

```
FROM tiangolo/uwsgi-nginx:python3.8-alpine
```

這個 FROM 指令會指示 Docker，從 Docker Hub 上將一份 tiangolo 命名空間下的 uwsgi-nginx 映像檔抓取下來。Docker Hub 是一個公用資源庫，所有人都可以自由將 Docker 映像檔發佈上去，供其他人取用，因此讀者也可以透過 AWS ECR 或 Quay 等服務註冊一個映像檔資源庫（image registry，映像檔登錄）。不過，在使用時，你需要在命名空間前面額外加上該服務的名稱：

```
FROM quay.io/my-org/my-app:my-tag
```

如果沒有加上這個名稱的話，預設會是以 Docker Hub 為主。對 Dockerfile 來說，這個 FROM 指令，其實就相當於 include 語句的作用，可以把其他 Dockerfile 的內容引用進來，為自己所用，而我們就只需要專注在自己的需求上即可。這就像是在映像檔中做分層架構（layering），其中 Alpine 是最底層的基礎，然後是 Python 3.8，接著是 uWSGI 與 Nginx，最後才是我們自己的 Flask 應用程式。更多細節，可以參考 python3.8-alpine 的 Dockerfile：https://hub.docker.com/r/tiangolo/uwsgi-nginx。

Dockerfile 中，我們要關注的下一行是：

```
RUN pip install flask
```

RUN 指令會執行另一道指令。而 Docker 會按照順序，執行 Dockerfile 中出現的 RUN 指令，並組建出最終的 Docker 映像檔來。就以上面所示的這道 RUN 指令而言，指的就是將 Flask 安裝到系統的 site-packages 目錄底下。而這邊之所以能夠確定 pip 存在，是因為 Alpine 的基礎映像檔（base image）已經包括了 Python 3.8 版本。

接下來，讓我們先跳過 Ngnix 的環境變數設定，直接看向 COPY 指令的部分：

```
COPY ./app /app
```

這份 Dockerfile 在 Git 儲存庫中，是與其他幾份檔案及子目錄共同存在的，因此利用 COPY 指令，就可以從「來源的 Docker 執行環境」（通常是從某個 Git 儲存庫複製下來的）把「指定的目錄」複製到「正在組建的容器」內。

而我們現在正看著的 python3.8-alpine.dockerfile 檔案，是位於 tiangolo/uwsgi-nginx-flask-docker 這個儲存庫的 docker-images 子目錄底下。而在 docker-images 目錄中，還有一個 app 子目錄，裡面存放著一份 Hello World Flask 網頁應用程式的範例。因此，這個 COPY 指令就是將這個範例儲存庫中 app 目錄，複製到 Docker 映像檔的根目錄底下：

```
WORKDIR /app
```

WORKDIR 指令會將「容器內的這個路徑」設定為 Docker 的工作環境目錄。以本範例而言，指的就是方才我們複製進去的 /app 這個目錄，將其作為工作目錄。如果指定時，目標工作目錄還不存在，那麼 WORKDIR 指令也會幫我們新建立一個目錄。在此設定之後，凡是任何出現在 Dockerfile 內的非絕對路徑，都會變成是相對於 /app 目錄的。

然後，這是容器內的環境變數設定方式：

```
ENV PYTHONPATH=/app
```

ENV 指令會對 Docker 設定環境變數宣告。PYTHONPATH 是一個環境變數，它是一連串以冒號（:）分隔的路徑變數值，Python 直譯器會在這些路徑中尋找模組與套件。

接下來，讓我們往下跳到第二道出現的 RUN 指令：

```
RUN chmod +x /entrypoint.sh
```

這道 RUN 指令同樣會指示 Docker 執行後面附帶的指令內容。這邊是執行 chmod 這個指令，變更檔案權限，把 /entrypoint.sh 檔案設為可執行權限。

下一行則可有可無：

```
ENTRYPOINT ["/entrypoint.sh"]
```

在這份 Dockerfile 中，最有趣的就是這道 ENTRYPOINT 指令，它會在啟動容器時，將一份可執行檔丟往 Docker 的指令列環境內。利用這種方式，我們就能透過指令列將一些參數傳遞給容器中的可執行檔，這些參數是在執行 docker run <映像檔名稱> 時，附加在指令後面的。但如果 Dockerfile 中存在多個 ENTRYPOINT 宣告，那麼就只有最後一個 ENTRYPOINT 會被執行到、被視為有效。

Dockerfile 檔案中的最後一行是：

```
CMD ["/start.sh"]
```

如同 ENTRYPOINT 指令，這道 CMD 指令也不是在組建時、而是在容器啟動時才會執行的。當 Dockerfile 內有定義 ENTRYPOINT 指令時，這道 CMD 指令就是用來宣告要傳遞給 ENTRYPOINT 的預設參數內容。以本範例來說，就是將 /start.sh 這條路徑作為參

數，傳遞給 /entrypoint.sh 指令檔。總而言之，/entrypoint.sh 的最後一行會執行 /start.sh：

```
exec "$@"
```

至於這份 /start.sh 指令檔，則是來自於 uwsgi-nginx 的基礎映像檔，其用途是在 /entrypoint.sh 設定好容器執行期環境後，啟動 Nginx 與 uWSGI。不過，即使設定了 CMD 與 ENTRYPOINT，我們還是可以直接從 Docker 指令列環境覆蓋掉這份預設的 CMD 參數。

然而大多數的 Dockerfile 都不會有這道 ENTRYPOINT 指令，因此 Dockerfile 的最後一行通常就是以 CMD 指令執行一些前景程序，而不是預設參數。比方說，筆者會使用這種 Dockerfile 技巧，建立一份通用的 Docker 容器，以便在開發環境中運行：

```
CMD tail -f /dev/null
```

因此，除了 ENTRYPOINT 與 CMD 之外，所有在 python-3.8-alpine 範例 Dockerfile 中的指令，都只有在容器組建時才會執行。

建立 Docker 映像檔

就像前面所說的，要組建一份 Docker 映像檔，就需要一份 Dockerfile 設定檔。在讀者們的系統中或許已經有運行著一些 Docker 映像檔了，你可以用底下這道指令查看：

```
$ docker images
```

接下來，我們就用方才的 Dockerfile 來組建映像檔：

1. 複製下載含有這份 Dockerfile 的儲存庫：

   ```
   $ git clone https://github.com/tiangolo/uwsgi-nginx-flask-docker.git
   ```

2. 進到儲存庫中的 docker-images 子目錄底下：

   ```
   $ cd uwsgi-nginx-flask-docker/docker-images
   ```

3. 將 python3.8-alpine.dockerfile 複製命名為 Dockerfile：

```
$ cp python3.8-alpine.dockerfile Dockerfile
```

4. 用這份 Dockerfile 組建映像檔：

```
$ docker build -t my-image .
```

完成映像檔的組建後，我們就可以在映像檔清單中看到它：

```
$ docker images
```

除了我們新建立的 my-image 之外，你應該還會看到一個 uwsgi-nginx 的基礎映像檔。你會發現，這份 uwsgi-nginx 映像檔的建立時間點，遠比我們自己的 my-image 映像檔要早很多。

運行 Docker 映像檔

在組建出 Docker 映像檔後，接著便能以容器運行。我們可以利用底下的指令，查看系統上正在運行的容器有哪些：

```
$ docker ps
```

然後利用底下的 docker run 指令，運行以 my-image 映像檔為主的容器：

```
$ docker run -d --name my-container -p 80:80 my-image
```

再查看一次運行中的容器清單：

```
$ docker ps
```

這次你在清單中會看到一個以 my-image 映像檔為主的 my-container 容器。運行時，docker run 指令中的 -p 參數意指「容器網路埠」與「容器運行環境網路埠」之間的映射，因此在本範例中，「容器內的 80 埠」會映射到「運行環境的 80 埠」。這樣一來，容器內的 Flask 網頁伺服器就可以處理 HTTP 網路請求了。

執行以下指令，停止 my-container 的運作：

```
$ docker stop my-container
```

停止後，再次確認運行中的容器清單：

```
$ docker ps
```

這次就不會看到 my-container 出現了。但容器是否也跟著被移除了呢？並沒有，容器還在，只是停止運作了而已。如果我們在 docker ps 指令加上 -a 參數，還是可以看到 my-container，只是狀態不同而已：

```
$ docker ps -a
```

之後，當我們真正不再需要容器時，再刪除掉就好。

取得 Docker Hub 映像檔

我 們 曾 經 提 及 如 Docker Hub、AWS ECR、Quay 這 類 的 映 像 檔 資 源 庫 （image registry）。如果哪天我們發現，原本打算從 GitHub 儲存庫複製下來、自行組建的映像檔，早已可從 Docker Hub 上面取得，那麼與其自己重新組建一次，不如從 Docker Hub 上面下載比較快。就以本範例來說，讀者們可以直接從 https://hub.docker. com/r/tiangolo/uwsgi-nginx-flask 取得映像檔。

請輸入以下指令，從 Docker Hub 上取得我們方才組建出的 Docker 映像檔：

```
$ docker pull tiangolo/uwsgi-nginx-flask:python3.8-alpine
```

然後再次查看環境上的映像檔清單：

```
$ docker images
```

你會看到一個新的 uwsgi-nginx-flask 映像檔。

然後，利用底下的 `docker run` 指令，運行這份新下載的映像檔：

```
$ docker run -d --name flask-container -p 80:80 tiangolo/uwsgi-nginx-
flask:python3.8-alpine
```

如果讀者偏好不將「完整的映像檔名稱」顯示出來，你也可以在前面的 `docker run` 指令中，改用「映像檔的 ID 編號」（hash 雜湊值）取代「完整的映像檔名稱」（`repo:tag`）。

發佈 Docker Hub 映像檔

如果要反過來，將一份 Docker 映像檔發佈到 Docker Hub 上面去的話，首先你需要擁有一個帳號並登入它。請先到 Docker Hub 的網站（`https://hub.docker.com`）建立一組帳號，然後登入。接著，你就可以把環境上的映像檔，推送到自己帳號下的 Docker Hub 儲存庫了：

1. 從指令列環境登入 Docker Hub 映像檔資源庫服務：

   ```
   $ docker login
   ```

2. 輸入 Docker Hub 的使用者名稱與密碼。
3. 以「你的儲存庫名稱」作為開頭，用「一個新的標籤名稱」命名這份你要上傳的映像檔：

   ```
   $ docker tag my-image:latest <儲存庫名稱>/my-image:latest
   ```

   請將上面指令中的 <儲存庫名稱> 代換為各位讀者在 Docker Hub 的儲存庫名稱（也就是使用者名稱），或是將 `my-image:latest` 替換為任意想要上傳的映像檔名稱。

4. 將映像檔推送進去 Docker Hub 映像檔資源庫中：

   ```
   $ docker push <儲存庫名稱>/my-image:latest
   ```

   這邊同樣記得要做「步驟 3」的儲存庫名稱替換。

預設情況下，凡是推送到 Docker Hub 的映像檔都是對外公開的，只要造訪 `https://hub.docker.com/repository/docker/<儲存庫名稱>/my-image`（請將網址中的 <儲存庫名稱> 代換為讀者在 Docker Hub 上的使用者名稱，也就是儲存庫名稱），就可以下載方才推送上去的映像檔。如果推送的與 `my-image:latest` 不同，只要把 `my-image` 的部分替換掉，就可以下載其他映像檔了。點擊該網頁中的 **Tags** 頁籤，便能看到 `docker pull` 指令，這個指令可以讓其他使用者下載該映像檔。

刪除 Docker 映像檔

之前我們學到，`docker images` 指令會列出可用的映像檔，而 `docker ps` 指令則是列出容器。因此，當我們要刪除一份 Docker 映像檔時，首先必須刪除「還在使用這份映像檔的容器」。但要刪除容器，就得先知道該容器的名稱或是 ID 編號：

1. 查看目標 Docker 容器的名稱：

   ```
   $ docker ps -a
   ```

2. 停止運作中的容器：

   ```
   $ docker stop flask-container
   ```

3. 刪除 Docker 容器：

   ```
   $ docker rm flask-container
   ```

在進行「步驟 2」與「步驟 3」的時候，請記得將 flask-container 的部分，替換為「步驟 1」清單內有出現的容器名稱或 ID 編號。在 `docker ps` 的查詢結果中出現的容器，也都有一個對應的映像檔名稱或 ID 編號。在完成刪除容器的步驟後，接下來，就可以開始刪除映像檔了。

只是 Docker 映像檔的名稱（repo:tag）有時會很長（如 `tiangolo/uwsgi-nginx-flask:python3.8-alpine`）。因此，我覺得在刪除時，只要複製並貼上映像檔的 ID 編號（hash 雜湊值），會比較簡單：

1. 查看該 Docker 映像檔的 ID 編號：

```
$ docker images
```

2. 刪除該 Docker 映像檔：

```
$ docker rmi <映像檔的 ID 編號 >
```

請將指令中的 < 映像檔的 ID 編號 > 替換為「步驟 1」中查詢得到的 ID 編號。

要是讀者只是想一口氣清除系統環境中所有已經用不到的容器與映像檔，也可以直接這樣做：

```
$ docker system prune -a
```

docker system prune 指令會刪除所有已停止的容器以及相關的映像檔。

在本章節中，我們學到如何運用 pip 來安裝 Python 應用程式的依賴對象。在 Dockerfile 中，只要運用 RUN 指令，便能同樣呼叫 pip install 指令安裝。由於容器本身的沙盒（sandbox）環境特性，這提供了一個虛擬環境會有的各種好處。但與 conda 或 venv 這種虛擬環境不同，Buildroot 或 Yocto 都有支援 Docker，例如：Buildroot 的 docker-engine 與 docker-cli 套件、Yocto 的 meta-virtualization 資料層等。如果讀者的裝置因為 Python 套件衝突，而需要一定的環境隔離，就可以考慮採用 Docker。

透過 docker run 指令，便能將「系統資源」與容器共用，把「運行環境中的檔案或是目錄」掛載到容器內提供讀寫。預設情況下，容器內外沒有任何網路埠的映射，因此，當你運行 my-container 映像檔時，就要使用 -p 參數，將「內外的 80 埠」映射起來。使用 --device 參數，可以將運行環境 /dev 目錄底下「未限制存取權的檔案」提供給容器使用。萬一需要用到「有限制存取權的情況」，就要再加上 --privileged 參數。

容器協助我們加速部署，而將 Docker 映像檔推送到各大雲端平台的儲存庫中，也方便在 **DevOps** 流水線上拉取與運行。此外，藉由 balena 之類的 OTA 更新機制，也讓 Docker 在嵌入式 Linux 開發的領域中佔有一席之地。雖然 Go 之類的檔案大小可能過大了，但 Docker 在四核心 64 位元 ARM SoC（如 Raspberry Pi 4）的機板上運行得很好。如果你的目標環境電源供應不成問題，那麼運行 Docker 會讓軟體開發團隊輕鬆很多。

小結

看到現在，你可能會疑惑，Python 的打包與嵌入式 Linux 開發有什麼關係？其實它們之間的關聯並不大，但請記住，本書主旨與「程式設計開發」脫離不了關係。本章節的目標，正是講述「現代程式設計」的開發方法。在當今的開發環境中，要成為一名優秀的開發人員，你需要具備快速、迅捷且可重複地將你的程式碼部署到正式環境的能力。這意味著你需要精準地管理依賴關係，並盡可能地將流程自動化。相信讀者在閱讀本章節後，將能夠理解在 Python 中可以運用哪些工具來實現此一目標。

在下一個章節中，我們將深入介紹 Linux 的程序，以及說明「程序」（process）到底是什麼？和「執行緒」（thread）之間又有什麼關係？而兩者是如何合作的？如何對它們進行排程管理？如果我們希望建立一個強健且可維護的嵌入式系統，務必要了解這些知識。

延伸閱讀

如果讀者想要了解更多，可以參考以下資源：

- PyPA 的「Python Packaging User Guide」：https://packaging.python.org
- Donald Stufft 的「setup.py vs requirements.txt」：https://caremad.io/posts/2013/07/setup-vs-requirement
- PyPA 的「pip User Guide」：https://pip.pypa.io/en/latest/user_guide/
- Poetry 的「Poetry Documentation」：https://python-poetry.org/docs
- Continuum Analytics 的「conda user guide」：https://docs.conda.io/projects/conda/en/latest/user-guide
- Docker Inc. 的「docker docs」：https://docs.docker.com/engine/reference/commandline/docker

17

程序與執行緒

在前面的章節當中，我們已經討論過建立一個嵌入式 Linux 平台所需的各種面向，而現在該來看看如何運用這個平台，建立起可運行的裝置。在這個章節裡，筆者會介紹 Linux 程序模型的重要性，以及對多執行緒程式的影響。接著會討論「單執行緒程序」（single-threaded process）與「多執行緒程序」（multithreaded process）的優缺點，並且介紹排程管理，探討「分時排程策略」（timeshare scheduling policy）與「即時排程策略」（real-time scheduling policy）之間的差異。

雖然這些議題並非僅限於嵌入式開發的情境，但對於嵌入式裝置的開發者來說，了解這些是很重要的。市面上有許多值得參考的著作，本章尾聲也有陳列部分資料，不過這些資料並未針對嵌入式的使用情形做探討。因此，筆者會較著重在觀念的介紹以及探討設計上的抉擇，而非在實際的函式與程式碼上面打轉。

在本章節中，我們將帶領各位讀者一起了解：

- 要用程序還是執行緒？
- 程序
- 執行緒
- ZeroMQ
- 排程管理

讓我們開始吧！

環境準備

執行本章節中的範例時，請讀者先準備如下環境：

- Python：Python 3 直譯器與標準函式庫
- Miniconda：conda 套件與虛擬環境管理器的輕量安裝工具

如果讀者還沒有安裝 Miniconda 的話，可以參閱「**第 16 章，打包 Python 應用程式**」中對 conda 的安裝說明與介紹。在進行本章節的範例時，需要用到 GCC 的 C 語言編譯器和 GNU 的 make 指令工具，這類工具通常已經內建於大多數的 Linux 發行版中。

此外，讀者可以在本書 GitHub 儲存庫的 Chapter17 資料夾下找到本章的所有程式碼：https://github.com/PacktPublishing/Mastering-Embedded-Linux-Programming-Third-Edition。

要用程序還是執行緒？

許多對**即時作業系統（real-time operating system，RTOS）**有所了解的嵌入式開發者，都會覺得 Unix 的程序模型是種麻煩，因為他們反而認為 Linux 的執行緒在概念上，與即時作業系統架構中的任務（task）較為相近，也傾向於會將現有即時系統設計中的任務，以一對一的方式，轉換到執行緒上面去。結果就是筆者已經看到很多次的這種設計：一個應用程式、一個程序，然後卻有著多達 40 條以上的執行緒。筆者想花點篇幅來討論這種做法的好壞，不過先讓我們從一些基礎的定義開始介紹。

如下圖所示，**程序（process）**之中包括一個記憶體位址空間（memory address space），以及一條用以執行作業的執行緒。位址空間僅有這個程序本身可以存取，因此在其他程序中運行的執行緒都無法碰觸到。這種**記憶體的分離（memory separation）**是由內核中的記憶體管理子系統所負責，記錄配置給每個程序的記憶體分頁（memory page），並且在每次上下文交換（context switch，情境切換）時重新設定記憶體管理元件。筆者會在「**第 18 章，記憶體管理**」中再詳細介紹這件事。一些位址空間會被映射到一個檔案，當中包含運行程式所需的程式碼與靜態資料。

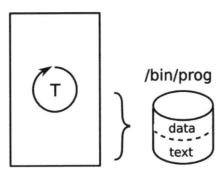

圖 17.1：關於程序

當程式執行時會配置一些資源給它，如堆疊空間（stack space）、堆積記憶體（heap memory）或是對檔案的參考等。當程序終止後，這些資源會被系統回收，記憶體空間都會被釋放，而檔案描述符（file descriptor）都會被關閉。

程序可以透過一些如「本地端 socket」等 **IPC（inter-process communication，程序間通訊）**的機制，來彼此進行資訊交換。後面會再介紹 IPC 機制。

執行緒（thread）指的是在程序中負責執行的生產線。所有程序的開頭，都是由一條執行 main() 函式的執行緒起頭，因此這條執行緒又被稱為 main 執行緒。接著，你可以透過 POSIX 標準定義的執行緒函式 pthread_create(3)，來產生額外的執行緒，這些額外的執行緒也屬於同一個位址空間中，如下圖所示：

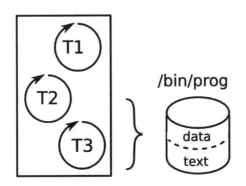

圖 17.2：多執行緒

由於同屬一個程序，因此資源也是彼此共用的。這些執行緒可以對同一塊記憶體空間讀寫，並使用同樣的檔案描述符，因此執行緒之間可以輕易達成通訊，只是必須謹慎處理同步（synchronization）與共享資源鎖（locking）的問題。

所以，根據以上簡短的介紹，各位讀者應該有能力想像前面所提及的假設情形：當要把 40 條即時系統的任務放到 Linux 上運行時，會產生的兩種極端設計。

你可以選擇用「一對一的程序」來執行任務，結果就是有 40 個獨立程式，需要彼此透過 IPC 機制通訊，這機制可以是透過 socket 來傳遞訊息。由於在每個程序中運行的 main 執行緒彼此都分隔開來受到保護，因此可以大幅降低記憶體污損（memory corruption）發生的情形；而且由於每個程序都會在結束時進行清場，所以也能減少資源洩漏（resource leakage）的情形。不過，程序之間用以溝通的訊息介面頗為複雜，再加上這整組程序都緊密相關，因此用來通訊的訊息數量可能會非常可觀，導致這成為系統效能的一個瓶頸因素。此外，當這 40 個程序中任何一個，因為一些像是程式缺失之類的原因而崩壞終止時，其他 39 個程序還是可以持續執行下去，因此每個程序都能夠處理其他程序不再運作的問題，然後妥善地執行復原。

另外一種極端的設計是用「一對一的執行緒」來執行任務，結果就是系統會變成一個程序，然後有著 40 條的執行緒。在這個情形下，執行緒之間的合作變得簡單多了，因為它們能共用同樣的位址空間與檔案描述符。傳遞訊息的成本也大幅降低，甚至可忽略不計，而以執行緒為單位的上下文交換動作，也比程序來得快上許多。但缺點就是前面所提到過的，一項任務可能會對其他任務的堆積或堆疊空間造成污損。而如果任一執行緒遇到了嚴重的程式缺失，整個程序都會終止，連帶拖累當中的所有執行緒。最後一項缺點，就是對複雜的多執行緒程序進行除錯，會是一場惡夢。

因此，讀者們應該能從上面得出結論，這兩種都不是理想的設計，而且應該有更好的做法。但在對此進行說明之前，筆者想先再稍微深入介紹程序及執行緒這兩者的 API 與行為模式。

程序

程序中有著執行緒運行所需的環境，包括配置到的記憶體資源、檔案描述符、使用者編號、使用者群組編號等。整個系統的第一個程序是 init 程序，由內核在啟動過程中所產生，PID（程序編號）為 1。由此之後的程序都是透過名為**分支（forking）**的操作產生。

建立新的程序

在 POSIX 標準中，用以產生程序的函式是 fork(2)。這是個奇怪的函式，因為每次呼叫後都會產生兩個回傳：一個是執行呼叫的程序，又被稱為**父程序（Parent）**；而另外一個就是新建立的程序，又被稱為**子程序（Child）**，如下圖所示：

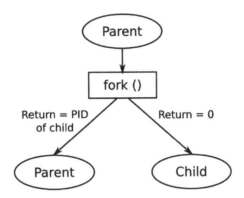

圖 17.3：程序的分支

在完成函式呼叫當下，子程序會和父程序一模一樣，同樣的堆疊空間內容、同樣的堆積空間內容、參考同樣的檔案，並執行在 fork 之後的同一行程式碼上。程式設計師唯一能用來區分兩者的方式，就只有 fork 函式的回傳值。如果收到回傳值為 0，表示現在的程序是子程序；收到大於 0 的回傳值，表示現在的程序是父程序。實際上，父程序收到的回傳值，即代表著新建立子程序的 PID 值。此外，回傳值還有第三種可能，當回傳值為負數時，表示 fork 函式的呼叫失敗了，因此沒有新增程序。

雖然這兩個程序剛開始時一模一樣，但它們的位址空間是分隔的，其中一者對變數的修改，並不會影響到另外一者。不過事實上，內核並未真正複製父程序的記憶體空間內容，因為這很耗費時間，而且會不必要地佔用記憶體。因此，實際上記憶體是共用的，但會打上**寫入時複製（copy-on-write，CoW）**的標記。如果父程序或子程序其中一者要修改這塊記憶體，內核才會進行複製，然後將寫入動作寫到複本（copy）中。這樣做的好處就是能讓 fork 函式效率提高，但同時也能維持這兩個程序之間位址空間的分隔。我們會在「**第 18 章，記憶體管理**」中再介紹 CoW 標記。

現在，讓我們看看如何終止程序。

終止程序

程序的終止可以是透過呼叫 exit(3) 函式自願地結束，也可能是因為收到沒有被處理的中斷訊號，因而非自願地結束。尤其是 SIGKILL 這個訊號，如果沒有被處理的話，就一定會終止程序。無論如何，終止程序代表也會終止屬於該程序的所有執行緒、關閉所有檔案描述符，並且釋出所有記憶體資源。而系統也會對父程序發出 SIGCHLD 訊號，讓父程序知道有子程序終止了。

如果程序是正常結束的，那麼回傳值就會是由 exit 的參數組成，否則如果當程序是被迫終止時，就會回傳中斷訊號的編號。這個回傳值主要用途在於 shell 指令檔，能讓你驗證從一個程式收到的回傳值；因為一般而言，0 代表著成功執行，而如果收到其他值，則通常是發生了某種錯誤。

父程序則可以透過 wait(2) 或是 waitpid(2) 函式來回收這個回傳值，但這時會面臨一個問題：在子程序終止後，到父程序取走回傳值之間，會有一段時間上的落差。在這段落差的期間，還是要有地方存放回傳值，因此這個原本已終止的程序 PID 值持續被佔用中。處在這種狀態的程序被稱為**殭屍程序（zombie）**，在指令 ps 或指令 top 中的狀態值會顯示為 state Z。因此，只要父程序呼叫了 wait(2) 或是 waitpid(2) 之後，當被通知子程序終止時（這邊指的是 SIGCHLD 訊號，請參考以下資料了解中斷訊號的處理細節，如《*Linux System Programming*》，Robert Love 著，O'Reilly Media 出版，或《*The Linux Programming Interface*》，Michael Kerrisk 著，No Starch Press 出版），就會非常短暫地在程序清單中出現殭屍程序。要是父程序沒能成功完成回傳值的回收，就會造成問題，問題累積到最後，有可能導致資源不足，你會無法再建立新的程序。

底下是一個來自本書儲存庫的 MELP/Chapter17/fork-demo 範例程式，示範程序的建立與終止：

```c
#include <stdio.h>
#include <stdlib.h>
#include <unistd.h>
#include <sys/types.h>
#include <sys/wait.h>

int main(void)
{
    int pid;
```

```
    int status;
    pid = fork();
    if (pid == 0) {
        printf("I am the child, PID %d\n", getpid());
        sleep(10);
        exit(42);
    } else if (pid > 0) {
        printf("I am the parent, PID %d\n", getpid());
        wait(&status);
        printf("Child terminated, status %d\n", WEXITSTATUS(status));
    } else
        perror("fork:");
    return 0;
}
```

wait 函式會阻擋程序的執行，直到子程序終止，然後存下終止時的狀態。當你執行這段程式，會看到類似下面這樣的結果：

```
I am the parent, PID 13851
I am the child, PID 13852
Child terminated with status 42
```

子程序會繼承父程序大部分的屬性，包括使用者編號與使用者群組編號（UID、GID）、所有已經開啟的檔案描述符、中斷訊號的處理、排程管理性質等。

執行不同的程式

雖然 fork 函式會建立目前執行程式的複本，但骨子裡執行的程式內容畢竟還是一樣的。如果要執行不同的程式，你還需要 exec 函式：

```
int execl(const char *path, const char *arg, ...);
int execlp(const char *file, const char *arg, ...);
int execle(const char *path, const char *arg, ..., char * const
envp[]);
int execv(const char *path, char *const argv[]);
int execvp(const char *file, char *const argv[]);
int execvpe(const char *file, char *const argv[], char *const
envp[]);
```

這些函式會根據給入的程式檔案路徑，載入程式並且執行。如果函式呼叫成功了，內核會捨棄目前程序的所有資源，包括記憶體空間與檔案描述符，然後重新替這個新載入的程式配置記憶體空間。而當呼叫 exec* 函式的執行緒完成呼叫時，不會回到呼叫函式的下一行程式，而是從新載入程式的 main() 函式開始執行。底下是一個指令啟動器（command launcher）的範例，來自本書儲存庫的 MELP/Chapter17/exec-demo：它會顯示指令列提示字元，並等待執行指令，例如：執行 /bin/ls；接著就會將程序分支，然後執行使用者所輸入的指令字串：

```c
#include <stdio.h>
#include <stdlib.h>
#include <string.h>
#include <unistd.h>
#include <sys/types.h>
#include <sys/wait.h>

int main(int argc, char *argv[])
{
    char command_str[128];
    int pid;
    int child_status;
    int wait_for = 1;

    while (1) {
        printf("sh> ");
        scanf("%s", command_str);
        pid = fork();
        if (pid == 0) {
            /* child */
            printf("cmd '%s'\n", command_str);
            execl(command_str, command_str, (char *)NULL);
            /* We should not return from execl, so only get to this
 line if it failed */
            perror("exec");
            exit(1);
        }
        if (wait_for) {
            waitpid(pid, &child_status, 0);
            printf("Done, status %d\n", child_status);
        }
    }
```

```
    return 0;
}
```

執行後，你會看到這樣的結果：

```
# ./exec-demo
sh> /bin/ls
cmd '/bin/ls'
bin etc lost+found proc sys var
boot home media run tmp
dev lib mnt sbin usr
Done, status 0
sh>
```

按下 Ctrl + C 組合鍵就可以結束程式。

在複製了現存的程序之後，還要把資源全部捨棄，改為載入不同的程式到記憶體裡面，這樣的做法聽起來似乎很奇怪，尤其是在分支之後，又幾乎馬上接著呼叫 exec 函式。因此大部分的作業系統都會把這兩個動作合併在同一個函式呼叫內。

這樣做當然是有明顯優點的。舉例而言，這能輕易地讓你在指令列環境下實作出重新導向（redirection）與管道（pipe）的功能。假設你想要列出目錄清單，在不使用重新導向與管道的情況下，通常會是下面這樣的過程：

1. 在指令列提示字元輸入 ls 指令。
2. 指令列環境將自己分支出一份複本。
3. 子程序執行 /bin/ls 程式。
4. ls 程式將目錄清單內容印出到 stdout（檔案描述符編號 1），顯示在終端畫面上，於是就能看到目錄清單。
5. ls 程式終止，而指令列環境重新獲得控制權。

現在，假設你想要把查詢出來的目錄清單內容，用一個 > 符號，重新導向寫到一個檔案裡面去。那麼過程就會變成下面這樣：

1. 輸入 ls > listing.txt 指令。
2. 指令列環境將自己分支出一份複本。

3. 子程序開啟並清空 listing.txt 檔案的內容，然後用 dup2(2) 函式複製檔案描述符，覆蓋到檔案描述符編號 1（stdout）上面去。

4. 子程序執行 /bin/ls 程式。

5. 如同以往，程式會印出目錄清單內容，但這次內容會被寫到 listing.txt 中。

6. ls 程式終止，而指令列環境重新獲得控制權。

> **Note**
>
> 這邊可以注意到，在「步驟 3」時，其實有機會在執行程式之前對子程序的環境做出更動。而 ls 程式也不需要知道自己現在是寫到檔案，還是寫到終端畫面上。除了以檔案替代，還能把 stdout 接到一個管道上，而 ls 程式依舊不需要做出任何更動，就可以把輸出的內容傳遞給其他程式。這是 Unix 設計哲學的一部分，如何將許多小型的元件組合在一起，完成一件工作。你可以參考《*The Art of Unix Programming*》，Eric Steven Raymond 著（Addison-Wesley 出版）。尤其是參考「Pipes, Redirection, and Filters」章節。

我們目前為止所看到的程式，都是屬於在前景（foreground）執行的程式。萬一今天程式是在背景（background）執行的話，會發生什麼事呢？接著就來看看吧。

常駐服務

我們在很多地方都提到過**常駐服務（daemon）**，常駐服務是一種在背景運行的程序，由 PID 為 1 的 init 程序所產生，而且不會和控制終端（controlling terminal）有任何關聯。建立常駐服務的過程如下所示：

1. 呼叫 fork() 函式產生新的程序，之後父程序就會終止，導致這個新產生的程序成為孤兒程序，並將管理權移交給 init 程式。

2. 子程序呼叫 setsid(2) 函式，建立一個只有它自己為成員的 session（工作階段）與程序群組。這部分的細節不在此詳談，這個階段的工作你可以想作是將程序與控制終端分離。

3. 將工作目錄切換到 root 根目錄。

4. 關閉所有檔案描述符，然後把 stdin、stdout、stderr（也就是檔案描述符編號 0、1、2）重新導向到 /dev/null，這樣就能隱藏輸出入的內容。

所幸只要用一次 daemon(3) 的函式呼叫，就能完成以上這些步驟了。

IPC（程序間通訊）

每個程序都是一塊塊分隔開來的記憶體孤島，而你可以用兩種方式，將資訊從一處傳遞到另外一處。一種是你可以把資料用複製的方式，從一處位址空間複製到另外一處；另外一種則是建立一塊雙方都能存取的記憶體區域，然後讓彼此共享資料。

第一種方式通常會搭配佇列（queue）或是緩衝區（buffer），這樣就能維持程序之間訊息傳遞的順序性。而這需要對訊息進行兩次複製的動作：一次是複製到暫存用的區域，一次則是再複製到目的地。這類型的具體範例為 socket、管道以及訊息佇列（message queue）。

而如果要實作第二種方式，不僅需要找出一個能一口氣在兩個（甚至更多個）位址空間建立映射到同一塊記憶體空間的方式，甚至還要能夠處理對這塊記憶體空間的同步存取。比方說，利用號誌（semaphore）或是互斥鎖（mutex）的機制。

在 POSIX 標準中都有支援這些機制的函式。還有一種比較舊式的 API 叫做 **System V IPC**，提供了訊息佇列、共享記憶體與號誌等機制，但由於在彈性上並不如 POSIX 標準，因此不在此贅述。在 `svipc(7)` 的手冊頁可以稍微窺見功能概略，也可以參考以下資料了解更多細節：《*The Linux Programming Interface*》，Michael Kerrisk 著，No Starch Press 出版；或是參考《*Unix Network Programming, Volume 2*》，W. Richard Stevens 著。

比起共享記憶體的機制，以訊息傳遞架構為主的機制通常較容易開發及除錯，但如果訊息量大時，效能上就會較差。

訊息傳遞為主的 IPC 機制

筆者在下方總結了幾種以訊息傳遞架構為主的 IPC 機制，而區分這些選擇的不同之處為：

- 訊息的流向是單向、還是雙向的。
- 資料流的性質是連續的位元組串流（byte stream）、還是不連續的訊息。以後者來說，還會注意單一訊息的大小上限。
- 訊息本身是否能設定優先度（priority）。

下表即為根據這些性質，區分 FIFO、socket 與訊息佇列等選擇：

性質	FIFO	Unix socket：串流	Unix socket：資料包	POSIX 標準的訊息佇列
連續性	位元組串流	位元組串流	非連續性	非連續性
單雙向	單向	雙向	單向	單向
訊息大小上限	無限制	無限制	100 KiB 到 250 KiB 之間	預設為 8 KiB，最大上限可到 1 MiB
優先度設定	無	無	無	0 到 32767

首先來看看 Unix socket。

1：Unix（或本地端的）socket

由於 **Unix socket** 機制能夠滿足大部分的需求，而且還能使用熟悉的 socket API，因此是目前大多數人選擇的機制。

Unix socket 是根據 AF_UNIX 規範所建立的，並以路徑的方式存取。而可否對 socket 存取，則是根據 socket 檔案本身的存取權限而定。以網路 socket 來說，類型分為 SOCK_STREAM 與 SOCK_DGRAM 兩種，前者提供雙向的位元組串流，而後者則提供非連續的訊息傳遞。Unix socket 的資料包（datagram）是可靠的，這代表著它們不會遺失或是順序錯亂。單一資料包的大小上限則依系統而定，可以查看 /proc/sys/net/core/wmem_max 得知，一般是 100 KiB 以上。

Unix socket 中沒有指定訊息優先度的機制。

2：FIFO 與具名管道

FIFO 與具名管道（named pipe） 其實指的是同一件事情。這是以匿名管道（anonymous pipe）延伸而來的一種機制，用以在父程序與子程序之間作為通訊使用，也在指令列環境中作為實作管道機制的方式。

FIFO 是一種特殊類型的檔案，由指令 mkfifo(1) 建立。如同 Unix socket，檔案本身的存取權限決定了誰可以進行讀寫。這個機制是單向的，也就是說，通常是一個讀、一個寫的關係，雖然有時可能會是一個讀、很多個寫。資料的形式雖然是單純的位元組串流，但如果訊息的大小少於管道的緩衝區大小，也可以保證具有不可分割性（atomicity）。換句話說，只要「寫入方的訊息內容」少於這個大小，就不會被分割為多次寫入的動作；而只要「讀取方那端的緩衝區」大小夠大，也就能夠在一次讀

取的動作中讀取整個訊息。現行內核中 FIFO 緩衝區預設的大小是 64 KiB，可以透過 `fcntl(2)` 指令修改 `F_SETPIPE_SZ` 提高上限，最高可到 `/proc/sys/fs/pipe-max-size` 所定義的值，這個值通常是 1 MiB。

這個機制中不存在優先度的概念。

3：POSIX 標準的訊息佇列

訊息佇列（message queue） 以一個名稱作為辨識，這個名稱的開頭必須是一個反斜線（/）符號，而且名稱中不能有其他的反斜線符號。訊息佇列通常保管在 mqueue 這個擬似檔案系統（pseudo filesystem）中，`mq_open(3)` 指令會回傳一個檔案，你可以藉此建立佇列以及存取已建立的佇列。每則訊息都有一個優先度，從佇列中讀取訊息的順序會先根據優先度，而後根據訊息已存在的時間來決定。訊息的大小上限值定義在 `/proc/sys/kernel/msgmax` 中，單位是位元組。

大小上限預設為 8 KiB，不過你可以透過寫入 `/proc/sys/kernel/msgmax` 的方式修改這個值，範圍在 128 位元組到 1 MiB 之間。由於對佇列的參考形式是檔案描述符，因此你可以透過 `select(2)`、`poll(2)` 以及其他類似的函式，來監控佇列的動靜。

更多細節，請參考 Linux 中 `mq_overview(7)` 的手冊頁內容。

關於「訊息傳遞為主的 IPC 機制」的結論

除了訊息優先度之外，由於 Unix socket 已滿足所有的需求，因此是最常被採用的選擇。而由於在大部分的作業系統上都有實作這項機制，因此也給予了最大限度的可移植性。

FIFO 之所以較少被採用，最大的可能是因為缺乏**資料包（datagram）**的性質。但另一方面，其使用的 API 非常簡單，就只是一般的 `open(2)`、`close(2)`、`read(2)`、`write(2)` 等等的檔案操作而已。

在這些機制當中，訊息佇列是最少被採用的。此外，在內核中的程式碼也不像 socket（網路）或是 FIFO（檔案系統）那樣經過最佳化。

還有其他如 D-Bus 這種更高階的介面，原先是在主流版本的 Linux 上，而後移植到嵌入式裝置中。D-Bus 的底層使用了 Unix socket 的機制以及共享記憶體。

共享記憶體的 IPC 機制

雖然使用共享記憶體可以省去在位址空間之間複製資料的動作，但同時也要面對同步存取的問題。程序之間通常會使用號誌（semaphore）作為同步機制。

1：POSIX 標準的共享記憶體

要在程序之間共享記憶體，首先要建立一塊新的記憶體區域，然後在每個想要存取這塊區域的程序位址空間中建立映射。如下圖所示：

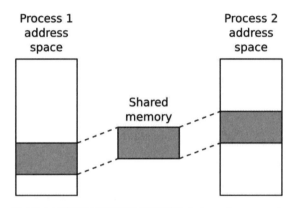

圖 17.4：POSIX 標準的共享記憶體（shared memory）

POSIX 標準的共享記憶體採用我們在訊息佇列看到過的形式，用反斜線（/）開頭的名稱（且名稱內不會有其他反斜線）作為辨識，例如：

```
#define SHM_SEGMENT_NAME "/demo-shm"
```

只要把名稱傳入 shm_open(3) 函式，就會收到檔案描述符作為回傳值。而如果這塊共享記憶體區段不存在，在有設定 O_CREAT 參數的情況下，就會建立新的區段，但這個區段的大小初始值為 0，需要再使用 ftruncate(2) 函式（這是個容易被誤會的名稱）設定你想要的大小：

```
int shm_fd;
struct shared_data *shm_p;
/* Attempt to create the shared memory segment */
shm_fd = shm_open(SHM_SEGMENT_NAME, O_CREAT | O_EXCL | O_RDWR, 0666);
if (shm_fd > 0) {
    /* succeeded: expand it to the desired size (Note: dont't do this
every time because ftruncate fills it with zeros) */
    printf("Creating shared memory and setting size=%d\n", SHM_
```

```
SEGMENT_SIZE);
    if (ftruncate(shm_fd, SHM_SEGMENT_SIZE) < 0) {
        perror("ftruncate");
        exit(1);
    }
    [...]
} else if (shm_fd == -1 && errno == EEXIST) {
    /* Already exists: open again without O_CREAT */
    shm_fd = shm_open(SHM_SEGMENT_NAME, O_RDWR, 0);
    [...]
}
```

一旦你拿到共享記憶體的檔案描述符後，就可以用 mmap(2) 映射到各個程序的位址空間，使其他程序中的執行緒能夠存取到記憶體內容：

```
/* Map the shared memory */
shm_p = mmap(NULL, SHM_SEGMENT_SIZE, PROT_READ | PROT_WRITE, MAP_
SHARED, shm_fd, 0);
```

底下是本書儲存庫 MELP/Chapter17/shared-mem-demo 中的 main 函式，示範如何透過共享記憶體區段（segment）達到程序之間的溝通：

```
static sem_t *demo_sem;
[...]
int main(int argc, char *argv[])
{
    char *shm_p;
    printf("%s PID=%d\n", argv[0], getpid());
    shm_p = get_shared_memory();

    while (1) {
        printf("Press enter to see the current contents of shm\n");
        getchar();
        sem_wait(demo_sem);
        printf("%s\n", shm_p);
        /* Write our signature to the shared memory */
        sprintf(shm_p, "Hello from process %d\n", getpid());
        sem_post(demo_sem);
    }
    return 0;
}
```

這個程式利用共享記憶體區段在程序之間傳遞訊息。這則訊息的內容是 Hello from process 的字串，後面加上 PID（程序編號）。其中 get_shared_memory 函式會負責建立「共享記憶體區段」（如果尚未建立的話），或是取得共享記憶體區段的「檔案描述符」（如果存在的話）。無論是哪一種情況，都會回傳指向該區段的指標（pointer）。範例中也運用了號誌，來同步對記憶體的存取，這樣才不會使得程序傳遞的訊息被覆蓋掉。

如果要測試這個程式，你需要在兩個不同的終端畫面上，各自執行一份這個程式的實體。在第一個終端畫面上，我們會看到：

```
# ./shared-mem-demo
./shared-mem-demo PID=271
Creating shared memory and setting size=65536
Press enter to see the current contents of shm

Press enter to see the current contents of shm

Hello from process 271
```

因為這是程式第一次執行，所以它建立了共享記憶體區段。最初，存放訊息的空間還是空的，但在迴圈執行一次之後，就會寫入這個程序本身的 PID，也就是 271。此時，在另一個終端畫面上，我們會看到：

```
# ./shared-mem-demo
./shared-mem-demo PID=279
Press enter to see the current contents of shm

Hello from process 271

Press enter to see the current contents of shm

Hello from process 279
```

因為已經建立了共享記憶體區段，所以會直接顯示「該區段空間已經被寫入的訊息」，也就是另一份程式實體的 PID。按下 Enter 鍵，就會把這個程式實體本身的 PID 寫入，這樣「第一份程式」就可以反過來讀取。於是，我們就能看到兩個程式在互相溝通的場景。

POSIX 標準的 IPC 機制函式,是 POSIX 即時擴充套件(real-time extensions)的一部分,因此我們需要連結 librt 函式庫來使用它們。怪的是,POSIX 標準的號誌卻被歸類在 POSIX 的執行緒函式庫中,所以我們還要額外連結 pthread 函式庫才行。以 ARM Cortex-A8 SoC 為例,在編譯時,我們需要設定這些參數:

```
$ arm-cortex_a8-linux-gnueabihf-gcc shared-mem-demo.c -lrt -pthread \
-o shared-mem-demo
```

以上便是對 IPC 機制的簡介。之後介紹 ZeroMQ 時,我們會再提及「訊息傳遞為主的 IPC 機制」。現在來看看多執行緒的程序。

執行緒

在程式開發時,與執行緒相關的介面是採用 POSIX 標準的執行緒 API,最早是定義在 IEEE 協會的 POSIX 1003.1c 標準當中(1995 年),因此又被稱為 **pthread**(POSIX 執行緒之意),在 C 語言函式庫當中,它被實作為 libpthread.so 的一部分。後來,最近 15 年發展出了兩種版本的 pthread,一種是 **Linux 執行緒(LinuxThreads)**,另一種則是原生 **POSIX 執行緒函式庫(Native POSIX Thread Library,NPTL)**。後者的功能較為好用,尤其是當要處理中斷訊號與 PID(程序編號)時。雖然這已經是目前的主流,但如果讀者使用某些舊版的 uClibc 時,還是可能會用到 LinuxThreads。

建立新的執行緒

建立執行緒要使用的函式是 pthread_create(3):

```
int pthread_create(pthread_t *thread, const pthread_attr_t *attr,
void *(*start_routine) (void *), void *arg);
```

這個函式會產生一條執行緒,從傳入的 start_routine 函式開始執行,並透過 thread 參數回傳一個 pthread_t 型態的檔案描述符。新建立的執行緒會繼承呼叫了這個函式的執行緒排程參數(scheduling parameters),但這些對執行緒的設定也可以透過指標變數 attr 傳入覆蓋。建立的執行緒會馬上開始執行。

pthread_t 是你在程式當中存取這個新執行緒的主要方式，不過從外部也可以使用如 ps -eLF 這類的指令看到執行緒：

```
UID     PID    PPID   LWP    C   NLWP   STIME   TTY     TIME       CMD
...
chris   6072   5648   6072   0    3     21:18   pts/0   00:00:00   ./thread-demo
chris   6072   5648   6073   0    3     21:18   pts/0   00:00:00   ./thread-demo
```

thread-demo 這支程式有兩條執行緒，並且如同讀者會想到的，從 PID 及 PPID 這兩個欄位，可以看出它們都是屬於同一個程序，而且有著同一個父程序。此外，特別要注意 LWP 這個欄位，LWP 的意思是**輕量程序（Light Weight Process，LWP）**，而這個名稱其實就是執行緒的另外一種說法，在這個欄位中的編號被稱為**執行緒編號（Thread ID，TID）**。對 main 執行緒來說，TID 值會和 PID 值相同，而對其他衍生的執行緒來說，會有不同的（較高的）TID 值。某些函式儘管在說明文件裡是要求輸入 PID 值，但實際上也能夠接受 TID 值。然而此種行為僅針對 Linux，無法適用到其他平台。底下是本書儲存庫 MELP/Chapter17/thread-demo 這支範例程式的程式碼：

```c
#include <stdio.h>
#include <unistd.h>
#include <pthread.h>
#include <sys/syscall.h>

static void *thread_fn(void *arg)
{
    printf("New thread started, PID %d TID %d\n", getpid(), (pid_t)
syscall(SYS_gettid));
    sleep(10);
    printf("New thread terminating\n");
    return NULL;
}

int main(int argc, char *argv[])
{
    pthread_t t;

    printf("Main thread, PID %d TID %d\n", getpid(), (pid_t)
syscall(SYS_gettid));
    pthread_create(&t, NULL, thread_fn, NULL);
    pthread_join(t, NULL);
```

```
        return 0;
    }
```

在 thread_fn 函式中可以看到，筆者透過 syscall(SYS_gettid) 取得 TID（執行緒編號）。在 glibc 的 2.80 版本之前，都需要像這樣直接使用 syscall 來呼叫 Linux 核心功能，因為當時的 C 函式庫中還沒有提供 gettid() 的包裝器（C library wrapper）。

內核所能排程管理的執行緒總數是有一個上限的。根據系統的大小，這個上限值會有所不同：在小型裝置上，這個上限可能是 1,000 條執行緒，而在較大型的嵌入式裝置上，這個上限可以達到數萬條執行緒。實際的上限值可從 /proc/sys/kernel/threads-max 得知，一旦達到這個上限，對 fork 與 pthread_create 的呼叫都會失敗。

終止執行緒

執行緒會因底下幾種原因而終止：

- 執行到 start_routine 函式的末端。
- 呼叫了 pthread_exit(3)。
- 被另外一條執行緒以呼叫 pthread_cancel(3) 終止。
- 擁有這條執行緒的程序終止了。例如：因為執行緒中呼叫了 exit(3)，或是程序收到了沒能處理到、沒能遮斷（masked）、沒能忽略掉的中斷訊號。

要注意的是，如果一個有著多執行緒的程式呼叫了 fork，那麼只有實際進行這個呼叫的執行緒會存在於新建立的子程序當中。分支動作不會對所有的執行緒都進行複製。

執行緒的回傳值是一個 void 型態的指標，一條執行緒可以透過呼叫 pthread_join(2) 來等待另外一條執行緒終止，並回收回傳值；在前面曾展示過的 thread-demo 程式碼中就有範例。如同我們在程序中看過的殭屍程序問題一樣，這裡也產生了類似的問題。在另外一條執行緒完成 pthread_join 之前，屬於執行緒的資源如堆疊空間等，就無法被釋放出來。如果就此維持無法完成的狀態一直下去，那麼就會在程式中造成資源洩漏。

編譯含有執行緒操作的程式

在 C 語言函式庫中的 libpthread.so 函式庫，就有支援 POSIX 標準的執行緒。不過，要編譯操作執行緒的程式，不是僅僅連結（link）函式庫就好了，還必須改變編譯器產生程式碼的方式，以確保在每條執行緒中，都能夠獲得一份如 errno 之類的全域變數，而不是整個程序都共用一份而已。

> **Tip**
> 編譯含有執行緒操作的程式時，你必須在編譯與連結的階段，加上 -pthread 參數。如果已經使用了 -pthread 參數的話，在連結階段就不用再額外加上 -lpthread 參數了。

執行緒之間的通訊方式

執行緒有一個很大的優點，那就是它們能共享位址空間，也因此能共享記憶體空間中的變數內容。但這同時也是一個很大的問題，因為這需要同步機制來保證資料的一致性（consistency）；這點和共享記憶體區段的程序所遇到的問題很像，但在執行緒的情況下，所有記憶體空間都是共享的。事實上，執行緒也可以利用**執行緒區域儲存區（thread local storage，TLS）**的方式，來建立私有的記憶體空間，但我們在這裡不會談到這個。

pthreads 介面也有提供基本的同步機制：互斥鎖（mutex）與條件變數（condition variables）。但如果你想要更複雜的機制，就得要自行開發了。

值得一提的是，前面曾經介紹過程序之間的通訊方式（IPC），即 socket、管道、訊息佇列，這些在同一個程序內的執行緒之間也是通用的。

互斥鎖

想要開發出一個夠強健的程式，就必須用互斥鎖（mutex lock）來保護那些共享的資源，以此確保所有的程式碼在讀寫這些資源之前，都必須先獲取互斥鎖才能進行。如果你有確實地遵照這條原則，大部分的問題都能迎刃而解，唯一剩下的問題是與互斥鎖本身的基本行為模式有關。我們會在底下簡述這些問題，但不會詳細說明：

- **鎖死（deadlock）**：當互斥鎖無法被釋出時，就會造成鎖死的狀態。一種鎖死的典型情境是**死抱不放（deadly embrace）**，有兩條執行緒都想要獲取兩個互斥鎖，但這兩條執行緒都只獲取了兩個互斥鎖的其中一者。於是這兩條執行緒都在互相等待另外一方釋出手上已獲取的互斥鎖，而這情況就這樣僵持下去。要解決死抱不放情境的一種簡單做法，是確保都要以同樣的順序來獲取這些互斥鎖；另外一種做法則可以考慮採用逾時（timeout）與退後等待時間（backoff period）機制。

- **優先權反轉（priority inversion）**：由於等待獲取互斥鎖而造成的延遲，可能會使即時策略下的執行緒錯失時限（deadline）。而優先權反轉的問題，就是發生在高優先權的執行緒，因為等待「低優先權執行緒手上的互斥鎖」而被阻擋所造成的。如果這條低優先權的執行緒，又被其他更急迫優先權的執行緒插隊，那麼原本的高優先權執行緒就不知道得等到什麼時候了。在內核當中，針對每個獲取與釋出的呼叫，都有著被稱為**優先權繼承（priority inheritance）**與**優先權頂置（priority ceiling）**的互斥鎖機制，以解決這個問題，但代價是會提高運算的成本。

- **效能低落（poor performance）**：只要互斥鎖不會被執行緒長期持有，造成的運算成本便不算高。但如果在你的設計中，會有一項資源被大量執行緒共用，那麼此時資源的提供與爭用之間的比例（contention ratio），就會大幅上升。這是一個設計上的議題，需要靠改良過的共用資源鎖機制或者其他不同的演算法機制，來解決這個問題。

互斥鎖並非達成「執行緒間同步」的唯一解決方案。例如，在**「1：POSIX 標準的共享記憶體」**小節中，我們看到程序之間可以利用「號誌」來彼此通知。執行緒也有類似的做法。

改變條件

互相協作的執行緒之間，需要在情況有所變化時，用某種方式來引起對方的注意，以此傳達通知。這個方式就叫做**條件（condition）**，而這個通知會透過 **condvar（condition variable，條件變數）**來傳達。

所謂的條件，指的是可以對其進行測試（test），而會回傳 true 或 false 的結果。一個簡單的舉例像是詢問緩衝區，問其內是否為空或是含有內容。一條執行緒從緩衝區讀取內容，並在緩衝區為空之後，進入睡眠狀態；而要是有另外一條執行緒將內容寫入

緩衝區，就要通知其他執行緒，它執行了寫入，因為此時造成其他執行緒等待的條件已
經出現變化了。如果其他執行緒正處於睡眠狀態，就要甦醒（wake up）並對此進行處
理。唯一的問題是，這個條件變數在定義上也是一種共享的資源，因此也需要用互斥鎖
保護起來。

底下是一個簡單的範例，以方才提及的兩條執行緒作為示範。第一條執行緒是生產者
（producer）：它每秒鐘都會醒來，並將資料寫入一個全域變數中，寫入後需要發出通
知，告知條件出現變化。第二條執行緒是消費者（consumer）：它會等待條件變數，
並在每次醒來時測試條件（看看緩衝區中是否有非 0 長度的字串資料）。讀者可以在本
書儲存庫的 MELP/Chapter17/condvar-demo 找到以下程式碼：

```c
#include <stdio.h>
#include <stdlib.h>
#include <pthread.h>
#include <unistd.h>
#include <string.h>

char g_data[128];
pthread_cond_t cv = PTHREAD_COND_INITIALIZER;
pthread_mutex_t mutx = PTHREAD_MUTEX_INITIALIZER;

void *consumer(void *arg)
{
    while (1) {
        pthread_mutex_lock(&mutx);
        while (strlen(g_data) == 0)
            pthread_cond_wait(&cv, &mutx);

        /* Got data */
        printf("%s\n", g_data);
        /* Truncate to null string again */
        g_data[0] = 0;
        pthread_mutex_unlock(&mutx);
    }
    return NULL;
}

void *producer(void *arg)
{
    int i = 0;
```

```
    while (1) {
        sleep(1);
        pthread_mutex_lock(&mutx);
        sprintf(g_data, "Data item %d", i);
        pthread_mutex_unlock(&mutx);
        pthread_cond_signal(&cv);
        i++;
    }
    return NULL;
}
```

這邊要注意的是，當「讀取資料一方的執行緒」（即消費者）因條件變數（condvar）被阻擋時，它手上還拿著一個已獲取的互斥鎖，看起來似乎要一直到「寫入資料一方的執行緒」（即生產者）更新條件變數後，才能解開這個鎖死的狀況。因此為了避免鎖死的情況，pthread_condwait(3) 會在執行緒被阻擋後，釋放互斥鎖，然後在執行緒要甦醒之前，再把互斥鎖獲取回來，才會從等待的狀態下結束。

對問題分進合擊

在我們對於程序、執行緒以及它們通訊的方式有了基本的認識之後，現在就可以來看看要怎麼應對。

底下是筆者在組建系統時所採用的一些原則：

* **原則一：把擁有大量互動需求的任務集中在一起。**
  把彼此之間需要協作的執行緒集中在同一個程序底下，可以將通訊的成本最小化。
* **原則二：別把所有執行緒都放在一起。**
  反過來說，就是把那些沒什麼互動需求的元件，分散在不同的程序之中，這也是為了保持可修復性（resilience）與模組性（modularity）。
* **原則三：別把不同重要性的執行緒放在同一個程序當中。**
  這是從「原則二」延伸而來的。像是「控制機械的程式」這類系統中的關鍵元件，比起其他元件更應該嚴謹看待，盡量保持單純。即使其他程序出錯了，這部分也應該要能持續運行下去。如果你要使用即時策略下的執行緒，那麼這些關鍵元件所使用的重要執行緒，也應該要使用獨自的程序。

- **原則四：別把執行緒綁得太緊密。**

  在開發多執行緒的程式時，一種很常見的傾向是出於便利性的考量，就把執行緒之間會共用到的變數與程式碼，全都寫在同一支程式裡面。別在模組化而且有著良好通訊機制的情況下，還把執行緒通通綁在一起。

- **原則五：別認為增加執行緒是毫無代價的。**

  建立新的執行緒是很簡單，但這是有代價的，至少在協調這些執行緒之間的作業時，就要為了維持同步機制付出額外的成本。

- **原則六：執行緒是可以平行運作的。**

  在多核心處理器的環境上，執行緒是可以同時運行的，以達到更高的運算效能。如果你有一個很吃重的運算工作，你可以在每顆處理器核心都建立一條執行緒，以最大化利用硬體資源。某些像是 OpenMP 之類的函式庫可以協助你做到這點。不建議從無到有地自行編寫平行運算的程式碼。

Android 系統的設計就是一個很好的例子。每個應用程式都是一個獨立的 Linux 程序，這能幫助記憶體管理模組化，而且還能確保其中一個 app 崩壞時，不至於影響整個系統。程序模型（process model）也被使用在存取權控制上：程序只被允許存取其 UID 與 GID 擁有存取權的檔案與資源。每個程序裡面都有一群執行緒。其中一條會負責管理與更新使用者介面；另有一條會負責處理從作業系統而來的中斷訊號；其他還有數條會分別負責管理動態的記憶體配置（dynamic memory allocation）、釋放 Java 物件，以及一個至少會有兩條執行緒以繫結程式協定（Binder protocol）的方式，來從系統其他各處接收訊息的工作執行緒集區（worker pool）。

就結論而言，由於程序擁有受到保護的記憶體空間，而且當程序終止時，所有包括記憶體與檔案描述符在內的資源都會被釋放，可以減少資源洩漏的可能性，因此程序能夠提供可修復性。另一方面，由於執行緒共享資源，所以能夠透過共享的變數輕易地達成通訊，也能夠透過共享檔案或其他資源的存取權進行協作。對於多核心處理器的環境，只要透過工作執行緒集區（worker pool）或其他類似的方式，便能以執行緒達到平行運算的效用。

ZeroMQ

在 IPC（程序間通訊）的機制中，我們會運用到 socket、具名管道和共享記憶體空間。對大多數的應用程式來說，這些共同構成了程序間訊息傳遞機制的傳輸層（transport layer）。至於在同一個程序內的並行執行緒之間，共用資源存取與協作的管理，則是

依靠互斥鎖、條件變數等機制達成。開發多執行緒的程式無比困難，尤其是 socket 與具名管道等機制，都有各自的問題需要處理。我們需要一套以高階觀點呈現的 API 介面，藉此簡化非同步訊息傳遞的複雜細節。於是 ZeroMQ 應運而生。

ZeroMQ 是一套並行框架（concurrency framework）下的非同步訊息傳遞函式庫。函式庫中包括了程序內、程序間、TCP 協定、訊息群播等功能，可支援的程式語言也很多樣化，包括了 C、C++、Go、Python。透過 ZeroMQ 的抽象化 socket 介面，我們可以在同一份分散式應用程式（distributed application）中，輕鬆地結合運用不同的程式語言。ZeroMQ 函式庫在訊息傳遞方面也支援常見的「請求、回應」（request/reply）和「發佈、訂閱」（publish/subscribe）等設計模式，並且內建平行管線（parallel pipeline）。ZeroMQ 函式庫名稱的 zero 代表 zero cost，也就是「免費」的意思，而 MQ 代表 message queue，也就是「訊息佇列」的意思。

接下來，我們將運用 ZeroMQ 探討如何實作程序間（inter-process）與程序內（in-process）的訊息通訊機制。讓我們從安裝 Python 的 ZeroMQ 函式庫開始吧。

安裝 pyzmq

在接下來的範例中，我們將使用 ZeroMQ 官方提供的 Python 套件。筆者建議在一個新建立的虛擬環境中安裝這個 pyzmq 套件。如果讀者們的開發環境系統上已經安裝了 conda，那麼要建立一個 Python 虛擬環境並非難事。底下列出使用 conda 建立虛擬環境的步驟：

1. 先切換到本書儲存庫的 zeromq 範例目錄路徑：

    ```
    (base) $ cd MELP/Chapter17/zeromq
    ```

2. 新建一個名為 zeromq 的虛擬環境：

    ```
    (base) $ conda create --name zeromq python=3.9 pyzmq
    ```

3. 啟動新建好的虛擬環境：

    ```
    (base) $ source activate zeromq
    ```

4. 確認一下虛擬環境中的 Python 版本號是否為 3.9 版本：

```
(zeromq) $ python --version
```

5. 先將虛擬環境中「已安裝的套件」列出來看看：

```
(zeromq) $ conda list
```

要是你在上面列出的套件清單中，有看到 pyzmq 及其依賴套件的話，那麼就可以直接進入我們的範例環節了。

程序間的訊息傳遞

我們將從一個簡單的應答伺服器（echo server）開始探索 ZeroMQ。這個伺服器會接收來自用戶端的名稱（字串型態），並回覆 Hello ＜名稱字串＞。讀者可以在本書儲存庫的 MELP/Chapter17/zeromq/server.py 找到以下程式碼：

```
import time
import zmq

context = zmq.Context()
socket = context.socket(zmq.REP)
socket.bind("tcp://*:5555")

while True:
    # Wait for next request from client
    message = socket.recv()
    print(f"Received request: {message}")

    # Do some 'work'
    time.sleep(1)

    # Send reply back to client
    socket.send(b"Hello {message}")
```

伺服器程序會建立一個 REP 型態的 socket，將這個 socket 綁定到 5555 埠，並等待訊息傳入，然後再把「應答的內容」傳回。至於中間睡眠一秒鐘，只是為了模擬在「收到請求」以及「回傳回應」之間，程式可能執行的工作而已。

讀者可以在本書儲存庫的 MELP/Chapter17/zeromq/client.py 找到應答用戶端
（echo client）的程式碼：

```python
import zmq

def main(who):
    context = zmq.Context()

    # Socket to talk to server
    print("Connecting to hello echo server…")
    socket = context.socket(zmq.REQ)
    socket.connect("tcp://localhost:5555")

    # Do 5 requests, waiting each time for a response
    for request in range(5):
        print(f"Sending request {request} …")
        socket.send(b"{who}")

        # Get the reply.
        message = socket.recv()
        print(f"Received reply {request} [ {message} ]")

if __name__ == '__main__':
    import sys

    if len(sys.argv) != 2:
        print("usage: client.py <username>")
        raise SystemExit
    main(sys.argv[1])
```

用戶端程序接受一個使用者名稱（username）作為指令列參數。用戶端建立一個 REQ
型態的 socket，該 socket 連向 5555 埠（也就是「伺服器程序」正監聽著的埠號），
然後將「傳入的使用者名稱」作為訊息送出。這裡的 socket.recv() 呼叫與伺服器
的 socket.recv() 效果相同，直到佇列中有訊息傳入為止，都會將目前的程序阻擋起
來。

啟動 zeromq 虛擬環境，執行本書儲存庫 MELP/Chapter17/zeromq 目錄底下的
planets.sh 指令檔，就可以實際觀看應答伺服器與用戶端程式碼的執行情況：

```
(zeromq) $ ./planets.sh
```

這份 planets.sh 指令檔會建立三個用戶端程序，並將 username 參數分別設為 Mars、Jupiter 和 Venus。畫面上會看到用戶端的請求不斷交錯著（interleaved）發送出去，這是因為每個用戶端都是等待收到「伺服器的應答內容」後，才會再送出下一則請求。在程式中，每個用戶端程序都會送出 5 次請求，換句話說，總共會從伺服器收到 15 次的回應。如範例所示，只要運用 ZeroMQ，就能輕鬆地實作「訊息傳遞為主的 IPC 機制」。那麼接下來，讓我們看看如何結合 Python 內建的 asyncio 模組，實作程序內的訊息傳遞。

程序內的訊息傳遞

從 Python 3.4 版本開始，內建了一個名為 asyncio 的模組。這個模組增加了一個可插拔的事件迴圈（a pluggable event loop），用於使用「共常式」執行「單執行緒並行程式碼」（single-threaded concurrent code）。**共常式（coroutine，又譯協程）**也被稱為 Green thread（**譯者註**：這個名稱源自於 Java VM 發展「多工」時的「Green 專案」）；Python 中的共常式是使用 async/await 關鍵字來宣告的（這個語法仿效自 C#）。這類共常式，它們比 POSIX 標準執行緒更輕量，運作起來的感覺，更像是可重複利用的函式。由於共常式都是在單執行緒上下文（single-threaded context）內，只是透過事件迴圈來切換而已，因此，我們可以將 asyncio 與 pyzmq 結合起來，利用 socket 機制達到程序內的訊息傳遞。

讓我們借用 https://github.com/zeromq/pyzmq 儲存庫上的共常式使用教學，稍微修改一下作為範例：

```python
import time
import zmq
from zmq.asyncio import Context, Poller
import asyncio

url = 'inproc://#1'
ctx = Context.instance()

async def receiver():
    """receive messages with polling"""
    pull = ctx.socket(zmq.PAIR)
    pull.connect(url)
    poller = Poller()
    poller.register(pull, zmq.POLLIN)
```

```
        while True:
            events = await poller.poll()
            if pull in dict(events):
                print("recving", events)
                msg = await pull.recv_multipart()
                print('recvd', msg)

async def sender():
    """send a message every second"""
    tic = time.time()
    push = ctx.socket(zmq.PAIR)
    push.bind(url)
    while True:
        print("sending")
        await push.send_multipart([str(time.time() - tic).
encode('ascii')])
        await asyncio.sleep(1)

asyncio.get_event_loop().run_until_complete(
    asyncio.wait(
        [
            receiver(),
            sender(),
        ]
    )
)
```

需要注意的是 receiver() 與 sender() 這兩個共常式，其實是在同一個上下文當中。在 socket 的 url 變數值中指定的 inproc 傳輸方法（transport method），指的就是「執行緒內部的通訊」，其速度和效率，比我們在前面範例中使用的 tcp 傳輸方法更快。而就如同 inproc 傳輸方法的字面意思所代表的，這個訊息傳遞僅作用於程序內部（in-process）的執行緒之間。至於 PAIR 型態的 socket 的用途，則是僅會在兩兩 socket 之間建立起連線。在此範例中，不論是 receiver() 還是 sender() 共常式，都會無窮迴圈執行下去。換言之，隨著共常式被 I/O 作業阻擋，以及 I/O 作業的完成，asyncio 的事件迴圈會不斷地在這兩個共常式之間切換，重複著「中斷」與「繼續執行下去」的過程。

在 zeromq 虛擬環境底下，執行如下指令，就可以測試這份共常式範例了：

```
(zeromq) $ python coroutines.py
```

sender() 會將當前的時間戳記發送給 receiver()，而後者則會將收到的時間戳記顯示出來。要停止執行時，請按下 Ctrl + C 的組合鍵終止程序。太好了！如此一來，不需要用到多執行緒，也可以實現「程序內的非同步訊息傳遞」了。當然了，關於共常式與 asyncio 函式庫其實還有更多可詳述的部分，這邊只是展示一下結合 Python 與 ZeroMQ 所呈現的可能性而已。接下來先暫時擱置事件迴圈，讓我們把重心拉回到 Linux 的主題上。

排程管理

在這個小節中，筆者想要介紹的另一個主題便是排程（scheduling）。Linux 的排程管理器（scheduler）負責管理一個佇列，佇列當中是準備執行的執行緒，而排程管理器的任務便是在處理器可使用時，安排這些執行緒的運行。針對這些執行緒的排程策略，有可能是以分時策略（time-shared）處理，也有可能是以即時策略（real-time）處理。分時策略下的執行緒會被指定一個對系統的**友好值（niceness value）**，這能決定要「增加」或是「減少」這些執行緒被分配到使用處理器的時間。即時策略下的執行緒則會被指定一個**優先權（priority）**，「高優先權的執行緒」能夠對「低優先權的執行緒」插隊（preempt）。排程管理器的主要對象是執行緒，而非程序；對執行緒執行排程時，也不會去管它是屬於哪個程序的。

排程管理器的工作時機如下：

* 當執行緒因為呼叫了 sleep() 而被阻擋，或是執行會阻擋執行緒的系統呼叫時。
* 當分時策略下的執行緒耗盡了分配到的時段（time slice）。
* 當中斷訊號解除了執行緒阻擋的狀態時，舉例來說，像是當 I/O 作業完成時。

如果想要了解 Linux 排程管理器的更多背景知識，建議可參考以下此書關於程序排程的章節內容：《*Linux Kernel Development, 3rd edition*》，Robert Love 著。

公平式排程與命定式排程

我將排程策略大致上分類為分時（time-shared）與即時（real-time）兩大類。分時策略是根據**公平式排程（fairness）**原則而來，設計理念是保證每條執行緒都能被分配到合理的處理器使用時間，而沒有任何執行緒能夠霸佔整個系統資源。如果有一條執行緒已經佔用了太長時間，那麼就會被推回佇列中，這樣其他執行緒便能使用資源。同時，公平式排程原則也會針對那些有大量工作需求的執行緒，調整分配的資源，以讓工作能順利完成。分時策略排程的好處就在於，能夠對各種各樣的工作量自動進行調整。

另外一方面，如果你要開發的是即時系統程式，那麼公平式排程可就幫不上忙了。這時你需要的是**命定式排程（deterministic）**原則，因為這至少能保證你在即時策略下的執行緒會在正確的時間被排程進去，而不至於錯失執行的時限。而這也表示著，「即時策略下的執行緒」必須要能夠對「分時策略下的執行緒」插隊。當同時有多個即時執行緒時，即時執行緒的靜態優先權（static priority）也能幫助排程管理器做出決定。Linux 的即時排程管理器所採用的是一般標準演算法機制，也就是挑選「最高優先權的即時執行緒」來運行。大部分即時系統的排程管理器也都依循這種機制。

這兩類執行緒是可以共存的。採用「命定式排程原則」的執行緒會先被進行排程，之後剩餘的時間才會再被分配給「分時策略下的執行緒」。

分時策略

分時策略的概念核心是公平性（fairness）。從 Linix 2.6.23 版本以降，使用的排程管理器就改為**完全公平式排程管理器（Completely Fair Scheduler，CFS）**。當中不再使用一般我們所說的時段概念，而是在執行緒合理應佔用執行的處理器時長，以及該執行緒目前實際已被分配過執行的時間紀錄之間取得平衡。如果使用的量已經超過分配的額度，而且還有其他分時執行緒等待執行，那麼排程管理器就會中斷這條執行緒，並且讓等待中的執行緒先執行。

分時策略有以下幾種：

- SCHED_NORMAL（或 SCHED_OTHER）：這是預設採用的策略。絕大部分的 Linux 執行緒都採用這種策略。
- SCHED_BATCH：與 SCHED_NORMAL 相似，但對執行緒排程時所使用的時間粒度較大；也就是雖然可以執行較長的時間，然而等待再次被排程的時間也要等得較

久。這種設計是為了減少背景程序（批次工作）的上下文交換次數，同時也能減少整理處理器快取的次數。

- `SCHED_IDLE`：採用此策略的執行緒，只會在沒有任何其他策略的執行緒執行時，才會運行。這種優先權是屬於最低階的。

有兩組函式可以用來查詢及設定一條執行緒的排程策略與優先權。第一組函式以 PID 作為參數，並以程序中的 main 執行緒為操作對象：

```
struct sched_param {
    ...
    int sched_priority;
    ...
};

int sched_setscheduler(pid_t pid, int policy, const struct sched_
param *param);

int sched_getscheduler(pid_t pid);
```

第二組函式則以 `pthread_t` 為對象進行操作，因此不只 main 執行緒，還可以改變程序中其他執行緒的參數：

```
pthread_setschedparam(pthread_t thread, int policy, const struct
sched_param *param);

pthread_getschedparam(pthread_t thread, int *policy, struct sched_
param *param);
```

想要了解更多關於執行緒排程策略與優先權的細節，可參考 sched(7) 的手冊頁內容。在說明分時策略與分時策略下的優先權後，接下來，讓我們介紹何謂友好度。

友好度

某些分時執行緒的重要性應該要比其他執行緒高，我們可以透過 nice（友好值）來表達這件事情，以一定的比例係數來影響執行緒可被分配到的處理器資源。這個變數的名稱是來自於 nice(2) 這個函式呼叫，這個函式從早期開始就是 Unix 的一部分了。一條執行緒對系統造成的負擔越少，其 nice 值就會越高；而如果反過來，那就代表著會增加對系統造成的負擔。這個值的範圍從 19 開始，代表對系統非常友好；到 -20 為止，代表對系統非常不友好。預設的值則是 0，也就是一般的友好程度。

採用 SCHED_NORMAL 與 SCHED_BATCH 策略的執行緒可以改變 nice 值。如果要降低友好度（也就是要增加處理器的負擔），那麼就需要啟用對 CAP_SYS_NICE 的權限，而這一般只有 root 使用者才擁有。關於此權限的更多細節，可參考 capabilities(7) 手冊頁的內容。

幾乎所有會對 nice 值進行變更的函式與指令（如 nice(2) 函式、nice 與 renice 指令），其說明文件都是使用「程序」一詞；但實際上，其實應該是「執行緒」才對。就像在前面所提到過的，這邊也可以用 TID 取代 PID，來改變單一條執行緒的 nice 值。另外一個對 nice 值描述的常見差異之處是：nice 值常被描述為執行緒（或被誤稱為程序）的優先權。但這兩者其實是完全不同的東西，筆者認為，這是因為和即時策略下的優先權概念混淆在一起了。

即時策略

即時情境下的策略往往偏向於採用命定式排程。即時排程管理器永遠都會挑選在準備執行狀態下「最高優先權」的即時執行緒。「即時執行緒」則永遠能夠對「分時執行緒」插隊。基本上，若選擇即時策略而非分時策略，即表示你對執行緒要呈現的排程狀況已有清楚的設想，而決定變更排程管理器預設的行為模式。

即時策略有以下兩種：

- SCHED_FIFO：這是一種**完整執行（run to completion）**的演算法。完整執行的意思是一旦執行緒被安排開始執行了，就會一路執行下去；除非是被更高優先權的即時執行緒插隊、或是被系統呼叫阻擋、或是執行緒本身終止了（執行完畢）。
- SCHED_RR：這是一種**輪替執行（round robin）**的演算法。輪替執行的意思是同樣優先權的執行緒彼此之間會「輪流」依照所分配到的時段來執行，這個時段的長度預設是 100 毫秒。從 Linux 3.9 版本開始，你可以透過 /proc/sys/kernel/sched_rr_timeslice_ms 來控制這個 timeslice（時段值）。除去此點，其餘行為模式與 SCHED_FIFO 一模一樣。

所有即時執行緒都有一個範圍從 1 到 99 的優先權，99 是最高的優先權。

要將執行緒設定為採用即時策略，你需要啟用對 CAP_SYS_NICE 的權限，而這一般只有 root 使用者才擁有。

不論是 Linux 還是其他平台，即時排程管理都存在著一個問題，那就是要面對擁有運算吃重（compute bound）的執行緒，這類執行緒往往是因為一些程式缺失，導致陷入無窮迴圈，而這會讓比其低優先權的即時執行緒以及所有的分時執行緒，都無法正常運作。系統會因此陷入不穩定，甚至是卡死的狀況之中。有幾種方法可以避免這類情事的發生。

第一種選項，從 Linux 2.6.25 版本之後，排程管理器預設上都會保留 5% 的處理器運算資源分配，來給非即時策略的執行緒，如此一來，就算出現不正常的即時執行緒，也不會導致系統完全死當。這可以從兩個內核設定來控制：

- `/proc/sys/kernel/sched_rt_period_us`
- `/proc/sys/kernel/sched_rt_runtime_us`

這兩個值的預設值分別為 1,000,000（1 秒）以及 950,000（950 毫秒），代表著在每 1 秒當中，會有 50 毫秒的運算是保留給非即時策略執行緒。如果你想要即時執行緒能夠 100% 佔用運算資源，那就將 sched_rt_runtime_us 的值修改為 -1 即可。

第二種選項是利用硬體式或是軟體式的看門狗（watchdog，監視程式），來監看重要執行緒的執行情況，並在這些執行緒開始出現錯失時限的情形時出手處理。我們在 **「第 13 章，動起來吧！init 程式」** 中介紹過看門狗（監視程式）。

對策略的抉擇

實際上來說，分時策略其實就能滿足大部分的運算工作。那類 I/O 吃重（I/O bound）的執行緒，會有很多時間都處在被阻擋（blocked）的狀態下，因此一定會在被分配到的時段中出現一些空閒；當這些執行緒從被阻擋的狀態下解除時，也幾乎會立即被排程回來。而同時，運算吃重（CPU-bound）的執行緒就可以取用那些空閒的運算資源。對不重要的執行緒給予「正值」的友好度，對重要的執行緒則給予「負值」的友好度。

當然了，這只是一般的情形，無法保證這種做法能夠永遠一帆風順。如果你需要命定式排程的模式，那麼就需要採用即時策略。而適合採用即時策略的執行緒應具備以下幾點特性：

- 對結果的輸出有時限上的要求。
- 要是錯失時限的話，就會拖累系統效能。
- 採用事件導向（event-driven）模式設計的程式。
- 非運算吃重的程式。

需要採用即時策略的任務，舉例來說，有傳統的機械手臂控制、多媒體處理與通訊處理等。這部分我們會在「**第 21 章，即時系統開發**」再討論。

如何決定即時策略下的優先權

要替手上各種不同的工作決定即時策略下的優先權，是一件困難的事情，而基於此點，一開始可能也最好不要考慮採用即時策略。

最常見用來決定優先權的方式是**速率單調分析法（Rate Monotonic Analysis，RMA）**，由 Liu 與 Layland 在 1973 年的論文中所提出。這種分析法適用於擁有週期性（periodic）執行緒的即時系統，這是一種非常重要的系統類別。所有執行緒都有一個循環週期與一個利用率（utilization）；這個利用率指的是執行緒在這個循環週期內，實際有在工作的時間比例。而排程的目標就是要平衡系統負擔，好讓所有執行緒在自己的下一次循環週期開始之前，都能完成執行階段。RMA 理論認為在以下兩個前提下，可以達成這個排程目標：

- 對擁有越短循環週期的執行緒賦予越高的優先權。
- 整體利用率低於 69%。

所謂的整體利用率（total utilization），指的是所有個別利用率的總和。此外，這個理論的假設是在執行緒之間的互動上，以及像是卡在互斥鎖上所花費的時間，都可忽略不計。

小結

Linux 繼承了 Unix 長久以來的精神，再加上 C 語言函式庫之後，幾乎能夠提供你一切所需，讓你開發出一個穩定、具可修復性的嵌入式應用程式。問題只剩下如何讓所有的工作達成最終的目標，而這件事情至少有兩種方式可以解決。

在本章中，筆者介紹了系統設計上的兩個面向：一個是將工作劃分為個別獨立的程序，而在程序中透過一到多條執行緒，來協助工作完成；另外一個面向則是如何對這些執行緒進行排程管理。我希望這些內容能夠點亮路途，給予各位讀者一些基礎，讓你能夠繼續深入探索學習。

在下一個章節中，筆者會檢視另外一個在系統設計上的重要面向，也就是記憶體管理。

延伸閱讀

如果讀者想要了解更多，可以參考以下資源：

- 《*The Art of Unix Programming*》，Eric Steven Raymond 著
- 《*Linux System Programming, 2nd edition*》，Robert Love 著
- 《*Linux Kernel Development, 3rd edition*》，Robert Love 著
- 《*The Linux Programming Interface*》，Michael Kerrisk 著
- 《*UNIX Network Programming, Volume 2: Interprocess Communications, 2nd edition*》，W. Richard Stevens 著
- 《*Programming with POSIX Threads*》，David R. Butenhof 著
- 《*Scheduling Algorithms for Multiprogramming in a Hard-Real-Time Environment*》，C. L. Liu 與 James W. Layland 合著，Journal of ACM 出版，1973 年 vol.20，no.1，p.46-61

18

記憶體管理

這個章節介紹的主題與記憶體的管理有關,這對 Linux 系統來說是個重要的議題,而對於往往有著系統記憶體侷限性的嵌入式 Linux 來說,更尤為如此。在簡短介紹過虛擬記憶體(virtual memory)的基礎知識之後,筆者會說明如何監看記憶體的使用情形、如何偵測如記憶體洩漏(memory leak)這類記憶體配置上的問題,以及說明當記憶體不足(out of memory)時會發生的事情。各位讀者將會知道有哪些可用的工具,從簡單如 free 及 top 之類的工具,到複雜如 mtrace 及 Valgrind 之類的工具都會含括進去。

我們還會說明記憶體在「內核空間」與在「用戶空間」有什麼不同,以及內核是如何將「記憶體的實體分頁」映射到「程序的位址空間」上。我們會實際到 proc 檔案系統下,查詢出程序的記憶體映射情形。此外,我們還會學習如何運用 mmap 系統呼叫,用一個檔案來設定程式的記憶體空間映射,以便配置記憶體空間或與其他程序共用。在本章節的後半部,我們會先運用 ps 指令,查看程序的記憶體使用量,然後再介紹 smem 和 ps_mem 這類更為精確的估算工具。

在本章節中,我們將帶領各位讀者一起了解:

- 虛擬記憶體的二三事
- 記憶體在內核空間的情形
- 記憶體在用戶空間的情形
- 程序的記憶體映射情形

- 置換空間
- 用 mmap 來做記憶體映射
- 應用程式用了多少記憶體？
- 個別程序的記憶體使用情形
- 偵測記憶體洩漏
- 記憶體不足

環境準備

執行本章節中的範例時，請讀者先準備如下環境：

- 以 Linux 為主系統的開發環境，安裝了 gcc、make、top、procps、valgrind、smem 等套件

市面上大多數的 Linux 發行版中（如 Ubuntu、Arch 等）都有提供以上這些軟體工具。

此外，讀者可以在本書 GitHub 儲存庫的 Chapter18 資料夾下找到本章的所有程式碼：https://github.com/PacktPublishing/Mastering-Embedded-Linux-Programming-Third-Edition。

虛擬記憶體的二三事

簡單來說，Linux 會對處理器的**記憶體管理單元（memory management unit，MMU）**進行設定，以此建構出一個虛擬的位址空間（address space），提供給運行的程式使用。對一個 32 位元的處理器來說，這個空間起始位址為 0，最高可到 0xffffffff 為止。這個位址空間會再被分割為以 4 KiB 為單位的分頁（page）。但如果 4 KiB 的分頁大小對應用程式來說太小了，你也可以設定內核來啟用 **HugePages** 功能，這樣一來，就能減少存取「分頁表」所需的系統資源，以及提高「可在**轉譯後備緩衝區**中就獲取快取資料」的比率（hit ratio）。（轉譯後備緩衝區，Translation Lookaside Buffer，簡稱 TLB，又譯分頁表快取。）

Linux 將這個虛擬的位址空間劃分為「應用程式」使用的部分，稱為**用戶空間（user space）**，以及劃分為「內核」使用的部分，稱為**內核空間（kernel space）**。這兩者之間的界線可以透過內核設定中的 PAGE_OFFSET 參數設定。對一般的 32 位元嵌入式系統來說，PAGE_OFFSET 的值通常是 0xc0000000，代表著低位址的 3 GiB 空間劃分給「用戶空間」，而高位址的 1 GiB 則是給「內核空間」使用。用戶位址空間會進一步再配置給每個程序，以便讓程序彼此之間分隔，而互相不受其他程序的作業干擾。不過對於所有程序來說，內核位址空間都是一樣的，畢竟只會有一個內核。

在這個虛擬位址空間中的分頁，會透過 MMU（記憶體管理單元），以分頁表（page table）的方式，映射到真正的實體記憶體上。

在虛擬記憶體中的分頁有以下幾種狀態：

- 尚未進行映射。存取這類分頁時，將會觸發 SIGSEGV 訊號。
- 映射到實體記憶體上的分頁，並為某個程序所私有。
- 映射到實體記憶體上的分頁，並為某些程序所共享。
- 已進行映射，並被共享，但被打上**寫入時複製（copy on write，CoW）**的標記。這表示對這個分頁的寫入動作，將會被內核攔截，然後複製出分頁的複本後，重新映射給程序，以取代「原本的分頁」作為這次寫入的目標。
- 映射到實體記憶體上的分頁，並被內核所使用。

內核可能還會將分頁映射到受限制的記憶體區域（reserved memory region），例如：為了存取暫存器或是裝置驅動程式中的緩衝區記憶體。

這時就有一個問題出現了：為什麼我們不像一般的即時作業系統（RTOS）那樣，直接存取實體記憶體就好了？

使用虛擬記憶體當然是有許多好處的，底下簡單陳列其中幾項：

- 可以攔截非法的記憶體存取行為，並以 SIGSEGV 警告應用程式。
- 可以將程序分隔開來，讓它們在各自的記憶體空間中獨自運行。
- 透過共享如函式庫之類共同的程式碼與資料，提高記憶體的使用效率。
- 透過增加置換檔（swap file）的方式，有機會提高實體記憶體表面上看起來的空間量，不過置換空間的做法在嵌入式裝置上較少見。

以上這些是較為優勢之處，但我們也要同時承認缺點的存在。在本章節中的一個議題就會提到，要確認應用程式真正所耗費的記憶體成本將會變得困難。而我們在後面也會提及，作為預設配置策略所採用的過量分配（over-commit）方式，將會導致麻煩的記憶體不足問題。最後是對於即時程式來說很重要的一點，由於記憶體管理程式碼在處理如「分頁錯誤」之類例外狀況時造成的延遲，將會導致系統偏離命定式排程的規劃，而關於這一點將會在「**第 21 章，即時系統開發**」中說明。

「記憶體管理」這件事情在內核空間與用戶空間來看是不同的。下面的章節內容將會說明關鍵的不同之處以及你所需要知道的注意事項。

記憶體在內核空間的情形

內核的記憶體管理方式相當直接了當。採用的不是需求分頁（demand page）的方式（即隨需求載入分頁、依需求取用分頁），而是每當使用了 kmalloc() 或類似的函式進行配置時，就真的會載入到實體記憶體當中。而且內核使用的記憶體從不會被捨棄（discarded）或是分頁移出（page out）。

某些架構會在啟動的時候，於內核紀錄內顯示出記憶體映射（memory mapping）的概況。底下的紀錄是來自於 32 位元 ARM 裝置（BeagleBone Black）：

```
Memory: 511MB = 511MB total
Memory: 505980k/505980k available, 18308k reserved, 0K highmem
Virtual kernel memory layout:
    vector  : 0xffff0000 - 0xffff1000   (    4 kB)
    fixmap  : 0xfff00000 - 0xfffe0000   (  896 kB)
    vmalloc : 0xe0800000 - 0xff000000   (  488 MB)
    lowmem  : 0xc0000000 - 0xe0000000   (  512 MB)
    pkmap   : 0xbfe00000 - 0xc0000000   (    2 MB)
    modules : 0xbf800000 - 0xbfe00000   (    6 MB)
     .text  : 0xc0008000 - 0xc0763c90   (7536 kB)
     .init  : 0xc0764000 - 0xc079f700   (  238 kB)
     .data  : 0xc07a0000 - 0xc0827240   (  541 kB)
      .bss  : 0xc0827240 - 0xc089e940   (  478 kB)
```

這個概觀顯示出，在內核啟動後、且開始進行記憶體動態配置之前，總共可以看到有 505,980 KiB 大小的空閒記憶體空間。

會使用到內核空間記憶體的，有以下這些行為：

- 內核本身；用另外一種方式說，是指在啟動時從內核映像檔中載入的程式碼與資料。這部分顯示在前面 .text、.init、.data、.bss 區段的訊息內。一旦內核完成啟動作業後，.init 區段就會被釋放出來。
- 透過厚片配置器（slab allocator）的記憶體配置；會被用於存放各式各樣的內核資料結構。像是透過 kmalloc() 配置的記憶體，便屬於此類。這類記憶體會從被標記為 **lowmem** 的區域配置而來。
- 透過 vmalloc() 的記憶體配置；通常是為了能夠拿到比 kmalloc() 配置更大塊的記憶體。這類記憶體會被配置在 **vmalloc** 區域。
- 驅動程式為了存取各式各樣硬體上的暫存器與記憶體的映射；可以從 /proc/iomem 查看得知情形。這類記憶體會從 **vmalloc** 區域配置而來，但既然是映射到主系統之外的實體記憶體，當然不會佔用任何主系統的實際記憶體空間。
- 內核模組；會被載入到標記為 **modules** 使用的區域。
- 其他無從追蹤的低階配置行為。

在了解過內核空間的各種記憶體使用需求後，接下來看看如何得知內核佔用了多少記憶體空間。

內核用了多少記憶體？

不幸的是，這個問題並沒有一個完整的答案，但我們在下面提出了盡可能接近的解答。

首先，我們可以從先前看過的內核紀錄訊息中，看出被內核程式碼與資料所佔用的記憶體大小，或者也可以像下面這樣使用 size 指令：

```
$ arm-poky-linux-gnueabi-size vmlinux
  text      data      bss      dec      hex      filename
9013448   796868   8428144   18238460   1164bfc   vmlinux
```

這個大小和記憶體的總量比起來通常算是小的了，如果並非如此的話，那麼你就需要檢查一下內核的設定內容，並移除那些你不需要的元件。也有人為了能組建出小型內核而持續努力著，舉例來說，Josh Triplett 所貢獻的 **Linux Kernel Tinification** 專案在這方面的表現十分卓越，但後來該專案停擺，在 2016 年時就從 linux-next 中移除了。現在的另一種選擇是利用**就地執行（Execute-in-Place，XIP）**的方式（詳情可參考

https://lwn.net/Articles/748198/）,用快閃記憶體來取代 RAM 主記憶體,減少內核佔用的記憶體空間。

你可以透過讀取 /proc/meminfo,來獲取更多關於記憶體使用的情形:

```
# cat /proc/meminfo
MemTotal:          509016 kB
MemFree:           410680 kB
Buffers:             1720 kB
Cached:             25132 kB
SwapCached:             0 kB
Active:             74880 kB
Inactive:            3224 kB
Active(anon):       51344 kB
Inactive(anon):      1372 kB
Active(file):       23536 kB
Inactive(file):      1852 kB
Unevictable:            0 kB
Mlocked:                0 kB
HighTotal:              0 kB
HighFree:               0 kB
LowTotal:          509016 kB
LowFree:           410680 kB
SwapTotal:              0 kB
SwapFree:               0 kB
Dirty:                 16 kB
Writeback:              0 kB
AnonPages:          51248 kB
Mapped:             24376 kB
Shmem:               1452 kB
Slab:               11292 kB
SReclaimable:        5164 kB
SUnreclaim:          6128 kB
KernelStack:         1832 kB
PageTables:          1540 kB
NFS_Unstable:           0 kB
Bounce:                 0 kB
WritebackTmp:           0 kB
CommitLimit:       254508 kB
Committed_AS:      734936 kB
VmallocTotal:      499712 kB
```

```
VmallocUsed:          29576 kB
VmallocChunk:        389116 kB
```

在 proc(5) 的手冊頁中，有關於這些欄位的說明。內核的記憶體使用量是以下這些欄位的總和：

- Slab：以厚片配置器配置的總記憶體量。
- KernelStack：在執行內核程式碼時使用的堆疊空間。
- PageTables：用於存放分頁表的記憶體。
- VmallocUsed：以 vmalloc() 配置的記憶體量。

如果是厚片記憶體配置的話，你可以透過讀取 /proc/slabinfo 來獲取更多資訊；同樣地，你也可以透過讀取 /proc/vmallocinfo，來了解在 **vmalloc** 區域中的配置概況。對這兩種情形來說，你都需要對內核及其子系統有一定的了解，才能看出是哪個子系統要求配置以及為何要求配置，不過這部分就不在本書討論的範疇之中了。

如果是模組的部分，你可以使用 lsmod 指令，來列出被程式碼及資料所佔用的記憶體空間：

```
# lsmod
Module           Size   Used by
g_multi          47670  2
libcomposite     14299  1 g_multi
mt7601Usta      601404  0
```

剩下的就只有無紀錄可循的低階配置行為了，而缺少的這塊，我們便無從精確地得知內核空間的記憶體使用量，只能將已知的內核空間及用戶空間記憶體配置量加總起來，這樣才能從記憶體數據的落差中一窺究竟。

要分析內核空間所佔用的記憶體使用量，是一件十分複雜的事情。因為 /proc/meminfo 提供的資訊十分有限，但 /proc/slabinfo 與 /proc/vmallcinfo 提供的額外資訊又難以解讀。相較之下，用戶空間透過程序的記憶體映射情形，可以讓我們更清楚地了解記憶體使用量。

記憶體在用戶空間的情形

Linux 對用戶空間採用了一種怠惰配置（lazy allocation）的管理方式，只有當程式進行存取時，才會對實體記憶體的分頁實際進行映射。舉例來說，當使用 malloc(3) 配置一塊 1 MiB 的緩衝區，只會回傳一個指向記憶體區塊位址的指標，但卻沒有真正映射到實體記憶體。此時，在分頁表的紀錄中會設定一個標記，所有對這塊記憶體的讀寫行為，都會被內核攔截下來。這個狀態被稱為**分頁錯誤（page fault）**，只有在這個狀態發生時，內核才會試著替程序找出一個實體記憶體分頁，並且加到分頁表的映射中。我想值得為此寫一個簡單的範例實際展示一次，讀者可以在本書儲存庫的 MELP/Chapter18/pagefault-demo 找到如下程式：

```c
#include <stdio.h>
#include <stdlib.h>
#include <string.h>
#include <sys/resource.h>
#define BUFFER_SIZE (1024 * 1024)

void print_pgfaults(void)
{
    int ret;
    struct rusage usage;
    ret = getrusage(RUSAGE_SELF, &usage);
    if (ret == -1) {
        perror("getrusage");
    } else {
        printf ("Major page faults %ld\n", usage.ru_majflt);
        printf ("Minor page faults %ld\n", usage.ru_minflt);
    }
}

int main (int argc, char *argv[])
{
    unsigned char *p;
    printf("Initial state\n");
    print_pgfaults();
    p = malloc(BUFFER_SIZE);
    printf("After malloc\n");
    print_pgfaults();
    memset(p, 0x42, BUFFER_SIZE);
    printf("After memset\n");
```

```
    print_pgfaults();
    memset(p, 0x42, BUFFER_SIZE);
    printf("After 2nd memset\n");
    print_pgfaults();
    return 0;
}
```

執行之後會看到類似如下的結果：

```
Initial state
Major page faults 0
Minor page faults 172
After malloc
Major page faults 0
Minor page faults 186
After memset
Major page faults 0
Minor page faults 442
After 2nd memset
Major page faults 0
Minor page faults 442
```

在初始化程式的環境時，總共遇到了 172 次的「次要分頁錯誤」（minor page fault），而當呼叫 getrusage(2) 時，又遇到了 14 次（這些數據會根據你所使用的 C 語言函式庫不同而有所變化）。值得關注的點是，當寫入資料到記憶體中時，突然出現的次數變化：442 – 186 = 256 次的差異，而這個緩衝區的大小是 1 MiB，正好就是 256 個分頁。第二次在呼叫 memset(3) 時，因為此時所有的分頁都已經完成映射，所以這個次數就沒有再出現變化了。

如同你所看到的，每當內核對未經映射的分頁進行存取攔截時，就會產生一次分頁錯誤。不過事實上，分頁錯誤也分為兩種：minor（次要）與 major（主要）。對次要分頁錯誤來說，內核要做的就只是找出一個實體記憶體的分頁，然後映射到程序的位址空間中，如同前面所看到的。但當虛擬記憶體是利用像 mmap(2) 的方式映射到檔案時，就會產生「主要分頁錯誤」（major page fault）。關於 mmap 的部分，後面我會再簡短介紹。從這類記憶體讀取資料，代表著內核不僅要找出一個記憶體分頁進行映射，還代表著要讀取檔案中的資料，用以寫入記憶體。因此，處理「主要分頁錯誤」所需的時間與系統資源成本都高出許多。

雖然 getrusage(2) 在程序中提供了「次要分頁錯誤」和「主要分頁錯誤」這種實用的指標，但有時候我們真正想要看到的是該程序的整體記憶體映射。

程序的記憶體映射情形

凡是在用戶空間中執行的程序，都會有一份記憶體的映射，顯示出配置給程式的記憶體空間，以及它所連結的共用函式庫。我們可以透過 proc 檔案系統，來查看程序的記憶體映射情形。作為範例，底下是 PID 為 1 的 init 程序映射：

```
# cat /proc/1/maps
00008000-0000e000 r-xp 00000000 00:0b 23281745     /sbin/init
00016000-00017000 rwxp 00006000 00:0b 23281745     /sbin/init
00017000-00038000 rwxp 00000000 00:00 0            [heap]
b6ded000-b6f1d000 r-xp 00000000 00:0b 23281695     /lib/libc-2.19.so
b6f1d000-b6f24000 ---p 00130000 00:0b 23281695     /lib/libc-2.19.so
b6f24000-b6f26000 r-xp 0012f000 00:0b 23281695     /lib/libc-2.19.so
b6f26000-b6f27000 rwxp 00131000 00:0b 23281695     /lib/libc-2.19.so
b6f27000-b6f2a000 rwxp 00000000 00:00 0
b6f2a000-b6f49000 r-xp 00000000 00:0b 23281359     /lib/ld-2.19.so
b6f4c000-b6f4e000 rwxp 00000000 00:00 0
b6f4f000-b6f50000 r-xp 00000000 00:00 0            [sigpage]
b6f50000-b6f51000 r-xp 0001e000 00:0b 23281359     /lib/ld-2.19.so
b6f51000-b6f52000 rwxp 0001f000 00:0b 23281359     /lib/ld-2.19.so
beea1000-beec2000 rw-p 00000000 00:00 0            [stack]
ffff0000-ffff1000 r-xp 00000000 00:00 0            [vectors]
```

頭兩個欄位顯示的是在虛擬記憶體中的開頭位址與結尾位址。然後是每個映射的存取權設定。存取權的代號意義如下：

- r＝讀取權
- w＝寫入權
- x＝執行權
- s＝共享
- p＝私有（寫入時複製）

如果這個映射是映射到一份檔案，那麼最後一個欄位中就會顯示檔案的名稱，然後第四、五、六個的欄位則分別會顯示：從檔案開頭起算的偏移量（offset）、區塊裝置的編號、檔案的索引節點（inode）。大部分這類映射都是映射到程式本身的檔案或是連結的函式庫。另外，有兩個標注為 [heap] 與 [stack] 的區域，讓程式可以用來要求記憶體配置。用 malloc 配置的記憶體來自於前者（除非是要求的大小過大，這點後面會再說明），而對堆疊的記憶體配置要求則來自於後者。這兩塊區域的大小上限，則是根據程序本身的 ulimit 值而定：

- **Heap**：ulimit -d，預設為無限制上限。
- **Stack**：ulimit -s，預設為 8 MiB。

會超過這個限制的配置要求，則會被以 SIGSEGV 拒絕。

當發生記憶體不足時，內核會考慮將映射到唯讀檔案的分頁捨棄。如果被捨棄的分頁再次被要求存取，將會導致「主要分頁錯誤」，然後需要再次從檔案中把資料讀取回來。

置換空間

記憶體置換（swapping）的概念是保留部分儲存空間，好讓內核可以用於存放非映射到檔案的記憶體分頁內容，以便將釋放出來的記憶體挪作他用。雖然提高置換檔（swap file）的大小，便能提升實體記憶體的有效大小，但這畢竟不是萬靈丹。如果系統上的實際記憶體大小遠低於被賦予的工作量時，那麼將記憶體分頁複製寫入到置換檔，以及從檔案複製讀出所造成的成本將令人無法忽視，並引發**磁碟振盪（disk thrashing，又譯輾轉現象）**。

置換機制很少見於嵌入式裝置，因為持續進行的寫入動作將迅速耗損快閃記憶體，使得這個機制不適合運用在以快閃記憶體為主的儲存空間上。不過，你還是可以考慮採用以壓縮記憶體（compressed RAM，zram）為主的置換方式。

以壓縮記憶體（zram）作為置換空間

zram 驅動程式會建立以記憶體為主的區塊裝置，名稱顯示為 /dev/zram0、/dev/zram1 等。寫入到這類裝置上的記憶體分頁，會在存放進去之前先經過壓縮的步驟。在

壓縮率（compression ratio）處於 30% 到 50% 時，整體提升的記憶體釋放率大概可以多出 10% 左右，但代價是額外的運算處理與增加的電源消耗。

設定如下的內核設定選項，以啟用 zram 功能：

```
CONFIG_SWAP
CONFIG_CGROUP_MEM_RES_CTLR
CONFIG_CGROUP_MEM_RES_CTLR_SWAP
CONFIG_ZRAM
```

然後，將下面這段加到 /etc/fstab 中，在啟動時掛載 zram：

```
/dev/zram0 none swap defaults zramsize=< 大小，以位元組為單位 >,
swapprio=< 置換分割區的優先順序 >
```

接著，便能以如下指令開啟或關閉置換機制：

```
# swapon /dev/zram0
# swapoff /dev/zram0
```

雖然以壓縮記憶體為主的置換方式，比利用快閃儲存媒體要好上一些，然而無論是哪一種置換方式，都無法完全替代「擁有足夠的實體記憶體」的情況。

用戶空間的程序需要透過內核來協助管理虛擬記憶體，但有時候，程式會希望對自身的記憶體映射擁有更大的控制權。此時我們可以透過系統呼叫，以「檔案」的形式從用戶空間中直接設定記憶體的映射。

用 mmap 來做記憶體映射

在程序的生命週期一開始，就會配置一定數量的記憶體資源，用於映射到如**文字檔**（程式碼檔案）、程式編譯檔的**資料區段（data segment）**以及連結的共用函式庫。在執行期則可以透過呼叫 malloc(3) 在堆積區（heap）要求記憶體配置，或者是透過呼叫 alloca(3)、或是宣告區域變數的方式，在堆疊區（stack）要求記憶體配置。在執行期還可以透過 dlopen(3) 來動態地載入函式庫。以上這些記憶體映射的行為都會由內核協助處理，不過程序還可以透過另一種 mmap(2) 的方式來操作自身的記憶體映射：

```
void *mmap(void *addr, size_t length, int prot, int flags, int fd,
off_t offset);
```

這個函式會將 length 位元組長度的記憶體映射到 fd 檔案描述符指向的檔案，並從檔案中 offset 偏移量起頭；假設函式呼叫成功了，那麼就會回傳一個指向這份映射的指標。由於底層的硬體是以分頁為單位進行處理，因此 length 長度值會被除分為最接近整數的分頁數量。保護設定參數 prot 是對讀取權、寫入權與執行權的合併設定；而 flags 參數則是要設定為 MAP_SHARED 或是 MAP_PRIVATE 其中之一。flags 當中還有其他很多可設定的參數值，可以參考手冊頁當中的內容。

利用 mmap 還可以做到很多事情，底下介紹其中幾項。

用 mmap 來配置私有記憶體

你可以在 mmap 的 flags 參數設定 MAP_ANONYMOUS，然後對 fd 檔案描述符設定為 -1，以此來要求配置一塊私有的記憶體區域。雖然這個結果與透過 malloc 從堆積區要求記憶體配置類似，但差別在於透過這個方法配置的記憶體，會以整數分頁形式呈現，並對齊分頁邊緣。配置的記憶體來源和用於函式庫映射的記憶體處於同一塊區域，也因為如此，某些時候這塊區域會被直接稱為 mmap 區。

這類匿名映射（anonymous mapping）適合用於量大的配置要求，因為這樣不會在堆積區大量佔用記憶體，否則將會容易產生碎片（fragmentation）的問題。而有趣的是，你可以發現 malloc（至少在 glibc 是如此）會在遇到超過 128 KiB 的配置要求時，不再從堆積區配置記憶體，而是轉用 mmap 進行配置。所以大多數時候，只要直接使用 malloc 就好，系統自然會根據配置要求選擇最適合的方式。

用 mmap 來共享記憶體

如同我們在「**第 17 章，程序與執行緒**」中看到的那樣，POSIX 標準的共享記憶體需要以 mmap 來存取記憶體區段。這時候就要在 flags 參數設定 MAP_SHARED，然後使用 shm_open() 提供的檔案描述符：

```
int shm_fd;
char *shm_p;

shm_fd = shm_open("/myshm", O_CREAT | O_RDWR, 0666);
```

```
ftruncate(shm_fd, 65536);
shm_p = mmap(NULL, 65536, PROT_READ | PROT_WRITE, MAP_SHARED, shm_fd,
0);
```

接著,另一個程序只要使用同樣的檔案名稱、length、flags 等參數,執行同樣的呼叫,就可以共享同一塊記憶體映射。當你要把共享的記憶體空間內容更新到底層映射的檔案時,可以使用 msync(2) 呼叫來控制。

要讀寫裝置上的記憶體時,也可以透過 mmap 來設定共享。

用 mmap 來存取其他裝置上的記憶體

我們在「第 11 章,裝置驅動程式」中提到過,驅動程式可以允許記憶體映射到裝置節點(device node),以此與應用程式共享裝置上的部分記憶體。這部分的實作方式會隨驅動程式而有所不同。

其中一個案例是 Linux 的畫格緩衝(framebuffer)/dev/fb0。例如 Xilinx Zynq 系列的 FPGA 晶片,就可以在 Linux 上透過 mmap 以記憶體的方式操作存取。畫格緩衝介面定義在 /usr/include/linux/fb.h,提供了一個 ioctl 函式,可以獲取顯示器大小的資訊以及每個像素的位元情況。所以,我們可以用 mmap 來要求「影片驅動程式」(video driver)與應用程式共享畫格緩衝,然後對像素(pixel)進行讀寫:

```
int f;
int fb_size;
unsigned char *fb_mem;

f = open("/dev/fb0", O_RDWR);
/* Use ioctl FBIOGET_VSCREENINFO to find the display dimensions and
calculate fb_size */
fb_mem = mmap(0, fb_size, PROT_READ | PROT_WRITE, MAP_SHARED, fd, 0);
/* read and write pixels through pointer fb_mem */
```

另外一個案例是影像串流介面的 **Video 4 Linux version 2**,或簡稱為 **V4L2**,其介面定義在 /usr/include/linux/videodev2.h 中。每個影像裝置都會有一個名為 /dev/videoN 的節點,起始為 /dev/video0。介面當中一樣有個 ioctl 函式,可以要求驅動程式將一定數量的影像緩衝區配置給你,好讓你用 mmap 映射到用戶空間。接著,就只

需要根據你的需求是播放、還是擷取影片串流，然後將影片資料填入緩衝區或是從緩衝區中將資料讀出。

在了解各種記憶體概況與映射方式後，接下來，讓我們看看如何分析記憶體使用量。

應用程式用了多少記憶體？

不論是內核空間，還是用戶空間，對記憶體的配置、映射與共享方式，各式各樣、五花八門，使得要回答這個看似簡單的問題難如登天。

首先，你可以透過 free 指令，來詢問內核認為還有多少剩餘記憶體空間。底下是一般會看到的輸出範例：

```
               total      used      free    shared  buffers    cached
Mem:          509016    504312      4704         0    26456    363860
-/+ buffers/cache:      113996    395020
Swap:              0         0         0
```

一眼望去，你會看到，在總共 509,016 KiB 的記憶體中，只剩下 4,704 KiB 不到 1% 的空閒記憶體，此時，你似乎會覺得好像系統的記憶體不夠了。不過這邊要注意在緩衝區與快取的部分，分別還有著 26,456 KiB 與 363,860 KiB 兩大塊記憶體。Linux 認為閒置的記憶體是一種浪費，因此內核會將空閒記憶體用作緩衝區與快取，而當對記憶體的需求增加時，再縮減這兩塊區域的大小。所以加上緩衝區與快取的話，就是真正的空閒記憶體，也就是 395,020 KiB，佔全部記憶體的 77%。因此在看空閒記憶體的數據時，重點要放在顯示於下一行 -/+ buffers/cache 中的數據。

你可以對 /proc/sys/vm/drop_caches 寫入 1 到 3 之間的數字，強迫內核釋放快取記憶體空間：

```
# echo 3 > /proc/sys/vm/drop_caches
```

這個寫入的數字其實是一種位元遮罩（bitmask），用以決定你想要釋放兩大類快取之中的哪一種：寫入 1 是釋放分頁快取空間，而寫入 2 是一併釋放目錄項（dentry）與索引節點（inode）的快取空間。這些快取空間所扮演的角色不是此處重點，只需要知道其中一部分的記憶體雖然被內核佔用，但還是可以把這些記憶體索取回來。

free 指令能讓我們了解總共有多少記憶體被佔用，以及有多少空閒。但它無法告訴我們，這些被佔用的記憶體中，是哪些程序在使用，以及個別程序的使用比例。為此，需要其他工具的協助。

個別程序的記憶體使用情形

有許多種數據都可以用以計算出程序的記憶體使用量。我會先從其中兩個最容易查看到的數據開始介紹：**虛擬記憶體耗用量（virtual set size，VSS）與實體記憶體耗用量（resident memory size，RSS）**，這兩者都可以從最常見的 ps 與 top 指令中查知：

- **虛擬記憶體耗用量（VSS）**：在 ps 指令中稱為 VSZ，而在 top 指令中稱為 VIRT，這是一個程序已映射的記憶體總量，這個數據是將 /proc/<PID>/map 中顯示的所有記憶體區域數據加總而來。這個數字的意義並沒有很大，因為在這些虛擬記憶體當中，只有一部分會實際映射到實體記憶體而已。
- **實體記憶體耗用量（RSS）**：在 ps 指令中稱為 RSS，而在 top 指令中稱為 RES，這是有映射到實體記憶體分頁的記憶體總量。這個數據已經接近一個程序實際佔用的記憶體使用量，但還是有一個問題，如果你把所有程序的 RSS 值全部加總起來，你會發現總和大於實際的總記憶體，因為有些分頁是被共享的。

接下來，讓我們看看如何實際運用 top 與 ps 指令。

以 top 與 ps 查看

受限於 BusyBox 中所提供的 top 與 ps 指令版本問題，所以能查看的資訊有限。底下的範例使用的是 procps 套件中的完整版本功能。

對 ps 指令加上 -Aly 參數，就可以顯示出 VSS（vsz）與 RSS（rss）數據，你也可以在自訂欄位格式中加上 vsz 與 rss 參數，如下所示：

```
# ps -eo pid,tid,class,rtprio,stat,vsz,rss,comm
  PID   TID CLS RTPRIO STAT   VSZ    RSS COMMAND
    1     1 TS       -  Ss    4496   2652 systemd
  ...
  205   205 TS       -  Ss    4076   1296 systemd-journal
  228   228 TS       -  Ss    2524   1396 udevd
  581   581 TS       -  Ss    2880   1508 avahi-daemon
```

```
584    584 TS      - Ss    2848   1512 dbus-daemon
590    590 TS      - Ss    1332    680 acpid
594    594 TS      - Ss    4600   1564 wpa_supplicant
```

同樣地，top 指令也可以顯示出空閒記憶體以及每個程序的記憶體使用量概況：

```
top - 21:17:52 up 10:04,  1 user,  load average: 0.00, 0.01, 0.05
Tasks:  96 total,   1 running,  95 sleeping,   0 stopped,   0 zombie
%Cpu(s):  1.7 us,  2.2 sy,  0.0 ni, 95.9 id,  0.0 wa,  0.0 hi
KiB Mem:    509016 total,   278524 used,   230492 free,    25572
buffers
KiB Swap:        0 total,        0 used,        0 free,   170920
cached

PID USER      PR  NI  VIRT  RES  SHR S  %CPU %MEM    TIME+    COMMAND
 595 root     20   0 64920 9.8m 4048 S   0.0  2.0   0:01.09  node
 866 root     20   0 28892 9152 3660 S   0.2  1.8   0:36.38  Xorg
[…]
```

這些簡單的指令就能夠讓我們對記憶體的使用情形有個概觀，並能讓我們在發生記憶體洩漏問題時，查看是哪個程序的實體記憶體耗用量持續上升，藉此得到初步的徵兆。然而，如果是要統計出精確的記憶體使用量，這些數據就不是那麼準確了。

以 smem 查看

2009 年的時候，Matt Mackall 開始思考關於「計算記憶體使用量時要怎麼解決程序間共享分頁」的問題，於是增加了兩種新的數據：分別是**獨自記憶體佔用量（unique set size，USS）與共享記憶體均用量（proportional set size，PSS）**：

- **獨自記憶體佔用量（USS）**：這是獨屬於某個程序，不與其他程序共享，實際映射到實體記憶體的記憶體總量。換句話說，當一個程序終止時，將會有這個數據量的記憶體被釋放出來。
- **共享記憶體均用量（PSS）**：這是將映射到實體記憶體，並被程序所共享的記憶體分頁總量，以被共用的所有程序個數平均得來的數據。舉例來說，如果一塊存放函式庫程式碼的區域有 12 個分頁大小，並由 6 個程序所共享，那麼共享記憶體均用量就是每個程序平均下來使用了 2 個分頁的大小。因此，如果你把所有程

序的共享記憶體均用量加總起來，就會得到這些程序實際所共同佔用的記憶體使用量。也就是說，共享記憶體均用量正是我們解決此問題要查看的數據。

這些資訊可以在 /proc/<PID>/smaps 中查看，當中存放了我們在 /proc/<PID>/maps 中看到的映射關係裡額外的資訊。底下是一份這類檔案內容的範例，來自於對 libc 程式碼區段的映射關係：

```
b6e6d000-b6f45000 r-xp 00000000 b3:02 2444 /lib/libc-2.13.so
Size:                 864 kB
Rss:                  264 kB
Pss:                    6 kB
Shared_Clean:         264 kB
Shared_Dirty:           0 kB
Private_Clean:          0 kB
Private_Dirty:          0 kB
Referenced:           264 kB
Anonymous:              0 kB
AnonHugePages:          0 kB
Swap:                   0 kB
KernelPageSize:         4 kB
MMUPageSize:            4 kB
Locked:                 0 kB
VmFlags: rd ex mr mw me
```

這邊可以看到，實體記憶體耗用量（Rss）顯示為 264 KiB 大小，但因為這段程式碼被許多程序所共享，因此共享記憶體均用量（Pss）只顯示有 6 KiB。

有一個名為 **smem** 的工具，可以整理這些 smaps 檔案當中的資訊，並以各種像是圓餅圖或是長條圖等方式呈現出來。smem 的專案官網在 https://www.selenic.com/smem/，大多數的桌上型發行版中，也有包含這個套件。不過，由於這份工具是以 Python 語言開發，因此要安裝在嵌入式目標環境（target）之前，還需要先安裝好 Python 的執行環境才行。然而，是否要為了一個工具如此大興土木，就會是個問題。為此，有另外一個小型的程式 **smemcap**，其可以擷取目標環境上 /proc 的狀態，然後另存為一個 TAR 壓縮檔，以便你在開發環境（host）上進行分析；這個工具是 BusyBox 的一部分，但也可以從 smem 的原始碼中編譯出來。

以 root 使用者身分在目標環境上直接執行 smem 指令，就可以看到如下結果：

```
# smem -t
 PID User   Command                   Swap      USS      PSS      RSS
 610 0      /sbin/agetty -s ttyO0 11     0      128      149      720
1236 0      /sbin/agetty -s ttyGS0 1     0      128      149      720
 609 0      /sbin/agetty tty1 38400      0      144      163      724
 578 0      /usr/sbin/acpid              0      140      173      680
 819 0      /usr/sbin/cron               0      188      201      704
 634 103    avahi-daemon: chroot hel     0      112      205      500
 980 0      /usr/sbin/udhcpd -S /etc      0      196      205      568
 ...
 836 0      /usr/bin/X :0 -auth /var     0     7172     7746     9212
 583 0      /usr/bin/node autorun.js     0     8772     9043    10076
1089 1000   /usr/bin/python -O /usr/     0     9600    11264    16388
-------------------------------------------------------------------
  53 6                                   0    65820    78251   146544
```

以上例來說，可以從最後一行的輸出內容中看出，共享記憶體均用量（PSS）的值是實體記憶體耗用量（RSS）的一半。

如果你無法或不想在目標環境上安裝 Python，你也可以改用 smemcap 來擷取狀態；同樣記得以 root 使用者身分執行：

```
# smemcap > smem-bbb-cap.tar
```

然後，再把 TAR 壓縮檔複製到開發環境上，並以 smem -S 指令讀取；這時候就不需要以 root 使用者身分執行了：

```
$ smem -t -S smem-bbb-cap.tar
```

這時，輸出的結果即如同於直接在目標環境上執行的結果。

其他可能的工具

另一種可顯示共享記憶體均用量的工具是 **ps_mem**（https://github.com/pixelb/ps_mem），雖然格式上較簡單，但資訊量是相去無幾的。這個工具也是以 Python 語言開發的。

Android 平台上,有另外一個工具叫做 **procrank**,在稍微經過一些改動後,就可以跨平台編譯到嵌入式 Linux 上。你可以從 https://github.com/csimmonds/procrank_linux 下載原始碼。

在學會如何分析記憶體使用量後,就可以利用這些工具,找出系統中大量佔用了記憶體的程序為何。但找出程序後,又該如何剖析程序,得知究竟發生了什麼問題呢?這就是接下來要談論的議題了。

偵測記憶體洩漏

記憶體資源被配置出去,但當資源不再被使用之後卻無法釋放出來,就會造成記憶體洩漏(memory leakage)的情形。雖然記憶體洩漏並非嵌入式系統獨有的問題,但如果目標環境的記憶體資源本就有限,加上裝置長時間運作不重啟的前提下,這使得這原本小小的洩漏積沙成塔,讓這個問題特別嚴重。

當你執行 free 或是 top 指令,看到空閒記憶體的數據持續下降時,而此時即使像前面那樣清除快取空間卻也沒用的話,就知道是發生了洩漏的問題。而從每個程序的獨自記憶體佔用量(USS)與實體記憶體耗用量(RSS),便能夠找出問題的出處。

有一些工具可以幫助我們偵測在程式中發生記憶體洩漏的問題點。這邊介紹其中兩者:mtrace 與 Valgrind。

mtrace

在 glibc 中,**mtrace** 這個元件可以用來追蹤對 malloc、free 與相關函式的呼叫,並在程式終止時,偵測沒有被釋放出來的記憶體區域。你需要在程式中呼叫 mtrace() 函式,以開始進行追蹤,然後在執行期時,對 MALLOC_TRACE 環境變數設定一個路徑,告知追蹤資訊要寫到哪邊去。如果 MALLOC_TRACE 變數沒有被設定,或者是檔案無法被開啟,那麼 mtrace 就不會安裝 hook(就不會建立觸發關聯)。雖然寫入的追蹤資訊已是純文字的形式,但通常仍會透過專用的 mtrace 指令加以查看。

底下是一份程式範例：

```
#include <mcheck.h>
#include <stdlib.h>
#include <stdio.h>


int main(int argc, char *argv[])
{
    int j;
    mtrace();
    for (j = 0; j < 2; j++)
        malloc(100); /* Never freed:a memory leak */
    calloc(16, 16); /* Never freed:a memory leak */
    exit(EXIT_SUCCESS);
}
```

下面則是當你執行程式之後，查看追蹤資訊可能會看到的情形：

```
$ export MALLOC_TRACE=mtrace.log
$ ./mtrace-example
$ mtrace mtrace-example mtrace.log

Memory not freed:
-----------------
            Address      Size  Caller
0x0000000001479460       0x64  at /home/chris/mtrace-example.c:11
0x00000000014794d0       0x64  at /home/chris/mtrace-example.c:11
0x0000000001479540      0x100  at /home/chris/mtrace-example.c:15
```

不幸的是，mtrace 不會在程式執行時就告訴我們發生記憶體洩漏，得要先等程式終止了才能知道。

Valgrind

在找出洩漏等與記憶體有關的問題上，**Valgrind** 是一項非常強大的工具。其中一項長處就是，你無需對要檢測的程式或函式庫重新編譯，不過要是能夠以 -g 參數重新編譯，把除錯符號表（debug symbol table）納入當然更好。這背後運作的原理是，把程式放進一個模擬出來的環境中運行，並在一些時機點攔截執行，這也導致了 Valgrind

的一大缺點，也就是程式會花上平常數倍時間來執行，而這不利於在即時策略的限制下進行測試。

Note

Valgrind 這個名稱常常不小心被唸錯發音：在 Valgrind 的 FAQ 中有提到，「grind」這部分的發音是短音的 i，也就是唸成「grinned」（與「tinned」的音韻類似），而不是唸成「grind」（與「find」的音韻類似）。你可以從 https://valgrind.org 下載此工具，或是查看 FAQ 與説明文件。

Valgrind 當中有幾項可用於診斷的工具：

- memcheck：這是預設使用的工具，用於偵測記憶體洩漏以及一般誤用記憶體的問題。
- cachegrind：計算處理器在快取中找到所需資料的次數比例（cache hit rate）。
- callgrind：計算每次函式呼叫造成的成本。
- helgrind：這個工具特別專注於 Pthread API 的誤用情形，以及潛在的鎖死（deadlock）與爭用情境（race condition，競賽條件）。
- DRD：另外一個與 Pthread 相關的分析工具。
- massif：用於了解堆積空間與堆疊空間的使用概況。

你可以透過 -tool 參數選擇要使用的工具。Valgrind 可以在主要的嵌入式平台上運行，包括：ARM（Cortex-A）、PPC、MIPS，以及 32 與 64 位元的 x86 衍生平台等。Yocto Project 與 Buildroot 中，都可以找到這個套件。

要找出我們關心的記憶體洩漏問題，需要使用預設的 memcheck 工具，加上 --leak-check=full 來印出，用以找到洩漏問題的段落：

```
$ valgrind --leak-check=full ./mtrace-example
==17235== Memcheck, a memory error detector
==17235== Copyright (C) 2002-2013, and GNU GPL'd, by Julian Seward et al.
==17235== Using Valgrind-3.10.0.SVN and LibVEX; rerun with -h for
copyright info
==17235== Command: ./mtrace-example
==17235==
==17235==
==17235== HEAP SUMMARY:
==17235==    in use at exit: 456 bytes in 3 blocks
```

```
==17235==   total heap usage: 3 allocs, 0 frees, 456 bytes allocated
==17235==
==17235== 200 bytes in 2 blocks are definitely lost in loss record 1 of 2
==17235==    at 0x4C2AB80: malloc (in /usr/lib/valgrind/vgpreload_
memcheck-linux.so)
==17235==    by 0x4005FA: main (mtrace-example.c:12)
==17235==
==17235== 256 bytes in 1 blocks are definitely lost in loss record 2 of 2
==17235==    at 0x4C2CC70: calloc (in /usr/lib/valgrind/vgpreload_
memcheck-linux.so)
==17235==    by 0x400613: main (mtrace-example.c:14)
==17235==
==17235== LEAK SUMMARY:
==17235==    definitely lost: 456 bytes in 3 blocks
==17235==    indirectly lost: 0 bytes in 0 blocks
==17235==      possibly lost: 0 bytes in 0 blocks
==17235==    still reachable: 0 bytes in 0 blocks
==17235==         suppressed: 0 bytes in 0 blocks
==17235==
==17235== For counts of detected and suppressed errors, rerun with: -v
==17235== ERROR SUMMARY: 2 errors from 2 contexts (suppressed: 0 from 0)
```

從 Valgrind 的輸出資訊中可以看到，在 mtrace-example.c 當中有兩處出現記憶體洩漏的問題：一處是 line 12 對 malloc 的呼叫、一處是 line 14 對 calloc 的呼叫。本來在這兩處的記憶體配置呼叫後，應該要有對應的 free 呼叫才對，但程式中卻沒有。如果就這樣放任下去，在程序長時間執行後，將會演變成影響整個系統的記憶體不足問題。

記憶體不足

標準的記憶體配置策略採用的是**過量分配**（**over-commit**）方式，這代表著即使超過實體記憶體能提供的量，內核還是會允許應用程式的記憶體配置要求。由於「應用程式對記憶體的要求超過本身實際需求」是很常見的事情，所以多數時候這樣做沒什麼問題。而且這也對 fork(2) 的機制有所幫助，如此才能放心地複製大體積的程式，因為記憶體分頁都以「**寫入時複製**」（**copy on write**，**CoW**）的標記共享著。而在大多數時候，fork 後面跟著就是對 exec 函式的呼叫，然後就會解除對記憶體空間的共享，並載入新的程式。

然而，就怕萬一出現某個工作，使得整群的程序同時試著要使用它們先前被承諾配置到的記憶體空間，導致一時之間需求超過了實際能提供的資源，而這種情況就叫做**記憶體不足（out of memory，OOM）**。此時沒有別的辦法，只能不斷地刪除程序，直到狀況解決為止，而這就是**記憶體不足殺手（out of memory killer，oom-killer）**的工作。

但在我們動用到 oom-killer 之前，其實在 /proc/sys/vm/overcommit_memory 有個參數可以調整內核的記憶體配置行為模式，你可以設定的選項有：

- 0：試探式過量分配法（heuristic over-commit）
- 1：永遠不進行檢查的過量分配法
- 2：永遠進行檢查而絕不過量的分配法

選項 0 是預設採用的選項，也就是大多數情況下最好的做法。

選項 1 適合的情形，只有在你的程式使用大型稀疏矩陣（large sparse arrays）時，這種情況下雖然會要求配置大塊的記憶體區域，但實際上只會對一小部分寫入資料而已。這類程式在嵌入式系統中較為少見。

如果應用程式身負重大職責，不能有任何錯失（包含記憶體不足的情形在內），那麼選項 2 中提到的「絕不過量」（never over-commit）應該是個好選擇。當配置要求超過能分配的上限時，要求就會失敗；這個能分配的上限是置換空間的大小，再加上記憶體總量乘上一個過量分配比率。這個過量分配比率值（over-commit ratio）是由 /proc/sys/vm/overcommit_ratio 所控制的，預設的比率值是 50%。

作為示範，假設你現在有個系統主記憶體為 512 MB 的裝置，然後把過量比率值設定為 25% 的話：

```
# echo 25 > /proc/sys/vm/overcommit_ratio
# grep -e MemTotal -e CommitLimit /proc/meminfo
MemTotal:          509016 kB
CommitLimit:       127252 kB
```

由於沒有置換空間，所以如同預期地，可分配的記憶體空間上限就是 MemTotal 數值的25%。

在 /proc/meminfo 裡面還有一個重要的變數：Committed_AS。這是為了要滿足截至目前為止的配置要求所需的記憶體總量。底下是某個系統上的情形：

```
# grep -e MemTotal -e Committed_AS /proc/meminfo
MemTotal:         509016 kB
Committed_AS:     741364 kB
```

換句話說，內核分配出去的記憶體早就已經超過了實際可配置的記憶體總量。因此，如果這時把 overcommit_memory 設為 2，就會無視 overcommit_ratio，使得所有的配置要求都失敗。要讓系統重新正常運作，我們要不是多安裝一倍的主記憶體，要不就是減少運行的程序數量，在上述案例中大概有 40 個程序。

無論如何，oom-killer 都會把守最後一關。它採用一種試探式的方式，給每個程序計算出一個 0 到 1,000 之間的作惡值（badness score），然後從最高值的程序開始終止，直到擁有足夠的空閒記憶體。你應該會在內核紀錄中看到類似下面這樣的訊息：

```
[44510.490320] eatmem invoked oom-killer: gfp_mask=0x200da, order=0,
oom_score_adj=0
...
```

你還可以強制觸發記憶體不足的事件警報：echo f > /proc/sysrq-trigger。

你可以在 /proc/<PID>/oom_score_adj 寫入一個調整值（adjustment value），用以影響一個程序的作惡值。如果寫入 -1000 的話，表示程序的作惡值永遠不可能大於 0，因此這個程序永遠都不會被刪除到；而寫入 +1000 的話，則表示作惡值永遠會大於 1000，也就是永遠都會被刪除到了。

小結

要在一個虛擬記憶體系統中，統計出所有實際被使用的記憶體總量幾乎是個不可能的任務。不過，我們可以利用 free 指令，從空閒記憶體的總量扣除被緩衝區與快取佔用的數據後，找出一個接近精確的概觀。在經過各種不同工作量的運行，並監測這個數據一段時間之後，你應該就能確信這個數據在一定範圍內的正確性。

當你想要調整記憶體使用量，或者是想找出那些預想外的資源配置耗用時，有一些方式能夠提供我們詳細資訊。以內核空間來說，最有用的資訊是在 /proc 底下：meminfo、slabinfo 與 vmallocinfo。

如果要找出在用戶空間中的記憶體精確使用量時，最有用的數據是透過 smem 或是其他工具，查看共享記憶體均用量。如果要對記憶體的使用行為除錯，那麼像是 mtrace 這類簡單的追蹤工具便能協助你，或者你也可以考慮使用如 Valgrind 這類比較大型的記憶體檢測工具。

如果你擔心萬一發生記憶體不足的問題，可以透過 /proc/sys/vm/overcommit_memory 來調整配置記憶體的機制，並透過 oom_score_adj 參數來控制特定程序在發生記憶體不足時會遭遇的刪除狀況。

下一個章節是關於要如何使用 GNU 除錯器（debugger），來對用戶空間與內核空間的程式碼進行除錯，以及當程式執行時可以從監看中獲得什麼幫助，還有包括在本章節中所提及的記憶體管理功能。

延伸閱讀

如果讀者想要了解更多，可以參考以下資源：

- 《*Linux Kernel Development, 3rd edition*》，Robert Love 著
- 《*Linux System Programming, 2rd edition*》，Robert Love 著
- 《*Understanding the Linux VM Manager*》，Mel Gorman 著：
  https://www.kernel.org/doc/gorman/pdf/understand.pdf
- 《*Valgrind 3.3 - Advanced Debugging and Profiling for Gnu/Linux Applications*》，
  J. Seward、N. Nethercote、J. Weidendorfer 合著

Section 4

除錯以及效能最佳化

Section 4 將說明如何利用 Linux 提供的各種除錯和剖析工具，幫助我們檢測問題並找出瓶頸。「**第 19 章**」將關注較傳統的除錯器，也就是利用 GNU 專案的除錯器（GDB），來監看程式的執行情形。「**第 20 章**」則會運用 top、perf、strace 等各式剖析與追蹤工具，協助我們找到效能問題的原因。

Section 4 包含了以下章節：

- **第 19 章**：以 GDB 除錯
- **第 20 章**：剖析與追蹤
- **第 21 章**：即時系統開發

19

以GDB除錯

馬有失蹄，人有失足，程式也總會有出錯的時候，所以把這些程式缺失找出來並修補，就是開發中必經的過程。有很多種不同的方式都可以辨識程式缺失並找出來，例如：靜態或動態的分析、程式碼審查（code review）、追蹤、剖析或是互動式的除錯。在下一個章節會介紹追蹤與剖析的工具，但在本章中，筆者想集中說明以「除錯器」監控程式執行過程的老方法，這邊選用的除錯器是 **GNU 專案的除錯器（GNU Project Debugger，簡稱 GDB）**。GDB 是個強大而又富彈性的工具，可以用來對應用程式除錯、在應用程式崩壞後檢查產生的事後報告（記憶檔）、甚至還能逐步推演到內核程式碼當中。

在本章節中，我們將帶領各位讀者一起了解：

- GNU 除錯器
- 除錯的準備
- 應用程式除錯
- 及時除錯
- 分支與執行緒除錯
- 記憶檔（core file）
- GDB 使用者介面
- 內核程式碼除錯

環境準備

執行本章節中的範例時,請讀者先準備如下環境:

- 以 Linux 為主系統的開發環境(至少 60 GB 可用磁碟空間)
- Buildroot 2020.02.9 長期維護版本
- Yocto 3.1(Dunfell)長期維護版本
- Linux 版 USB 開機碟製作工具 Etcher
- 一張可供讀寫的 microSD 卡與讀卡機
- 一條 USB 轉 TTL 的 3.3V 序列傳輸線
- Raspberry Pi 4 機板
- 一條 5V、3A 的 USB Type-C 電源供應線
- 一條乙太網路線,以及開通網路連線所需的防火牆連接埠
- BeagleBone Black 機板
- 一條 5V、1A 的 DC 直流電源供應線

如果讀者已經完成「**第 6 章,選擇組建系統**」的閱讀與練習,應該已經下載並安裝好 Buildroot 2020.02.9 長期維護版本了。如果讀者尚未下載安裝,請先參考「The Buildroot User Manual」中的「System requirements」小節(`https://buildroot.org/downloads/manual/manual.html`),以及根據「**第 6 章**」當中的指引,在開發環境上安裝 Buildroot。

如果讀者已經完成「**第 6 章,選擇組建系統**」的閱讀與練習,應該已經下載並安裝好 Yocto 3.1(Dunfell)長期維護版本了。如果讀者尚未下載安裝,請先參考「Yocto Project Quick Build」中的「Compatible Linux Distribution」小節與「Build Host Packages」小節(`https://docs.yoctoproject.org/brief-yoctoprojectqs/index.html`),以及根據「**第 6 章**」當中的指引,在開發環境上安裝 Yocto。

此外,讀者可以在本書 GitHub 儲存庫的 Chapter19 資料夾下找到本章的所有程式碼:`https://github.com/PacktPublishing/Mastering-Embedded-Linux-Programming-Third-Edition`。

GNU 除錯器

GDB 是一個對已編譯程式語言進行除錯的原始碼層級除錯器，主要的對象是 C 與 C++ 語言，不過也可以使用在如 Go 或是 Objective-C 等各種其他語言。請參考讀者所使用的 GDB 版本裡面的注意事項，來查閱目前有支援哪些程式語言。

在專案官網 https://www.sourceware.org/gdb/ 上面，有許多可供參考的資訊，其中也包括了 GDB 使用手冊「Debugging with GDB」：https://sourceware.org/gdb/onlinedocs/gdb/index.html。

雖然某些人會覺得 GDB 所採用的指令列使用者介面過時到令人難以接受，但事實上只要經過少許的練習，很快便能輕鬆上手。如果讀者還是無法接受指令列的介面，GDB 也有很多新式的使用者介面可以選用，後面會介紹其中三種。

除錯的準備

你需要先在編譯時，對想要除錯的程式加入除錯符號（debug symbol）。GCC 有兩個參數可以使用：-g 與 -ggdb。後者加入的除錯資訊是專為 GDB 而訂的，而相對的，無論在目標環境上使用何種作業系統，前者所產生的資訊格式都能適用，因此前者是可移植性較高的選擇。以我們的情形而言，由於目標環境上的作業系統都是 Linux，因此不論用 -g 或 -ggdb 差別都不大。更重要的是，這兩個參數都可以讓你指定想要顯示的除錯資訊等級，等級從 0 到 3 分別為：

- 0：這個等級不會產生任何除錯資訊，相當於是忽略了 -g 與 -ggdb 的設定。
- 1：這個等級產生的資訊較少，但資訊當中包含的函式名稱以及外部變數等資料，已足夠產生一個回溯（backtrace）了。
- 2：這個是預設的等級，當中的資訊包含區域變數與行數等，因此你可以用這些資料進行原始碼層級的除錯（source-level debugging），並逐步推演程式碼。
- 3：這個等級會包含零零總總的其他額外資訊，換句話說，GDB 甚至可以處理巨集展開（macro expansion）。

大多數時候使用 -g 就已經足夠，但如果你在逐步推演程式碼的過程中遇到問題，尤其是有「巨集」存在時，那麼就可以考慮使用 -g3 或 -ggdb3 作為參數。

下一個問題和程式最佳化的等級有關。編譯器的最佳化功能可能會破壞原始碼（source code）以及機器碼（machine code）之間行與行對應的關係，導致程式碼的逐步推演出現無法預測的行為。如果遇到類似這種狀況，那麼可能就要拿掉編譯時的 -o 參數來停用最佳化功能，或是改用 -og 參數來把最佳化等級降到「不會影響除錯的程度」後再編譯看看。

類似的問題也發生在堆疊框（stackframe，或稱堆疊幀、堆疊格）的指標，GDB 需要這份資訊，才能在產生的一個回溯裡面，回溯函式上層的呼叫路徑。但在某些架構下，如果使用了較高等級的最佳化功能（如 -o2 及以上），GCC 就不會產生堆疊框指標（stack-frame pointer）。如果需要回溯，但又非得以 -o2 參數進行編譯不可的話，那麼你可以加上 -fno-omit-frame-pointer，來改變編譯器原本的行為模式。此外，也要注意那些已經先以 -fomit-frame-pointer 參數移除過堆疊框指標的程式：可能需要暫時先停用這些程式。

應用程式除錯

要用 GDB 來對應用程式除錯有兩種方式。如果你開發的程式預計要在桌面或伺服器環境上運行，又或者是不論你用的是什麼環境，編譯與運行都在同一台機器上的話，那麼可以直接在本地端執行 GDB 就好。不過，大部分嵌入式開發都是透過跨平台工具鏈（cross toolchain）進行的，因此雖然你想要對「運行在裝置上的程式」進行除錯，但又必須從存有原始碼與工具的「跨平台開發環境」進行除錯的控制。雖說沒有多少文件能夠參考，但由於這是大多數嵌入式開發者會遇到的情境，因此筆者會著重在後者。不過，筆者也會介紹如何建立就地除錯（native debugging，即直接在本地端除錯）的系統環境。筆者不打算對 GDB 的基本操作進行說明，這部分已經有許多優質的資料可供參考，例如：GDB 的操作手冊與本章最後建議的**「延伸閱讀」小節**。

使用 gdbserver 進行遠端除錯

遠端除錯（remote debugging）中，最關鍵的就是 gdbserver 這個除錯代理程式（debug agent），它負責在目標環境上運行，控制「作為除錯對象的程式」的執行。gdbserver 會透過網路或是序列埠介面與「開發環境上的 GDB」連接。

跟直接就地除錯比較起來的話,雖然透過 gdbserver 操作感覺相去無幾,但畢竟還是不一樣。差別之處大致上都圍繞著兩台電腦之間的問題,在進行除錯時這兩端都必須準備好才能進行。底下是一些需要注意的事項:

- 在除錯流程開始時,需要先在目標環境上用 gdbserver 載入要除錯的程式,然後在開發環境上從你使用的跨平台工具鏈中另外載入 GDB。
- 在要開始除錯之前,GDB 與 gdbserver 必須要完成連線。
- 必須告訴運行在開發環境上的 GDB,要去哪邊找除錯符號、原始碼,以及最重要的是那些共用函式庫的位置。
- GDB 的 run 指令(在遠端除錯模式下)會失去效用。
- 當除錯流程結束之後,gdbserver 就會終止,而如果你想要再開始另一次的除錯,就需要重新啟動它。
- 開發環境上需要備好屬於除錯對象的除錯符號與原始碼,但不用放到目標環境上面去。通常在目標環境上也沒有足夠的儲存空間放這些東西,所以在部署到目標環境之前,記得要把這些部分去除(stripped)。
- 和在本地端運行的 GDB 比較起來,GDB 加上 gdbserver 的組合無法使用所有的功能。比方說,gdbserver 無法追蹤呼叫 fork 之後產生出來的子分支,但本地端的 GDB(native GDB)可以。
- 如果 GDB 與 gdbserver 的版本不同,又或者是版本相同、但設定不同的話,可能會導致出錯。最好是以你習慣的組建工具,並以同一份原始碼組建出這兩者。

除錯符號會大幅度地增加可執行檔(executable)的大小,這大小有時甚至可能差到 10 倍。如同我們在「**第 5 章,建立根目錄檔案系統**」中提到過的,最好是能在無須重新編譯所有東西的情況下,把「除錯符號」移除掉,而這時就是跨平台工具鏈中 strip 這項工具的作用了。你可以用底下這些參數控制 strip 的處理程度:

- --strip-all:(預設)移除所有符號。
- --strip-unneeded:移除重新定址(relocation)所不需要用到的符號。
- --strip-debug:只移除掉除錯符號。

> **Note**
> 對一般的應用程式與共用函式庫來說,--strip-all(預設)不會出什麼問題,但如果是用在內核模組上,就會發現這將導致模組的載入失敗,這時需要改用 --strip-unneeded。筆者還沒看到過使用 --strip-debug 的案例。

將這些謹記在心後，接下來讓我們看看在使用 Yocto Project 與 Buildroot 的情況下，要怎麼準備除錯工作。

Yocto Project 的遠端除錯設定

Yocto Project 在 SDK（軟體開發套件）中就有替開發環境準備了一套跨平台的 GDB，但你還是需要根據目標環境更改設定，以便將 gdbserver 納入目標映像檔（target image）中。

你可以用指定的方式增加這個套件，比方說，可透過修改 conf/local.conf 加進去，注意在字串的開頭一樣必須要有一個空白符號：

```
IMAGE_INSTALL_append = " gdbserver"
```

要是沒有序列主控台（serial console），那就需要透過 SSH 常駐服務之類的介面，去啟動目標環境上的 gdbserver 了：

```
EXTRA_IMAGE_FEATURES ?= "ssh-server-openssh"
```

或者是，你也可以透過「在 EXTRA_IMAGE_FEATURES 中增加 tools-debug 設定」的方式，這會在目標映像檔中新增 gdbserver、本地端 gdb、strace（下一章中才會介紹到 strace）：

```
EXTRA_IMAGE_FEATURES ?= "tools-debug ssh-server-openssh"
```

接著，只需按照「**第 6 章，選擇組建系統**」的說明，組建一個 SDK：

```
$ bitbake -c populate_sdk <映像檔名稱>
```

SDK 中就會有 GDB 存在了。此外，在目標映像檔中提供給目標環境的 sysroot 底下，還會有所有程式與函式庫的除錯符號。SDK 裡面也會有可執行檔的原始碼檔案。舉例來說，就以 Yocto Project 3.1.5 版本針對 Raspberry Pi 4 作為目標環境產製的 SDK 為例，預設是安裝在 /opt/pocky/3.1.5/ 底下。提供給目標環境的 sysroot 位於 /opt/poky/3.1.5/sysroots/aarch64-poky-linux/ 底下。程式存放在 /bin/、/sbin/、/usr/bin/、/usr/sbin/ 這幾個目錄中，它們的路徑都是相對於 sysroot 的位置，而函式庫則存放在 /lib/ 與 /usr/lib/ 目錄中。在這些目錄底下，都可以找到

一個名為 .debug/ 的子目錄，裡面會有程式與函式庫的符號表。當 GDB 需要符號表資訊時，就會到這些 .debug/ 目錄底下搜尋。原始碼檔案則是存放在 /usr/src/debug/ 底下，這個路徑也是相對於 sysroot 的位置。

Buildroot 的遠端除錯設定

Buildroot 對於組建環境與應用程式開發環境並沒有明顯的分界線，換句話說，沒有 SDK 這樣的機制存在。假設讀者採用的是 Buildroot 內提供的工具鏈，那麼就需要啟用以下這些設定，以便組建在「開發環境」上使用的跨平台 GDB，以及組建在「目標環境」上使用的 gdbserver：

- 在 **Toolchain | Build cross gdb for the host** 選單中的 BR2_PACKAGE_HOST_GDB 項目。
- 在 **Target packages | Debugging, profiling and benchmark | gdb** 選單中的 BR2_PACKAGE_GDB 項目。
- 在 **Target packages | Debugging, profiling and benchmark | gdbserver** 選單中的 BR2_PACKAGE_GDB_SERVER 項目。

此外，你還需要啟用 **Build options | build packages with debugging symbols** 選單中的 BR2_ENABLE_DEBUG 項目，才能組建帶有除錯符號的可執行檔。

該選項同樣會在 output/host/usr/<arch>/sysroot 底下產生出帶有除錯符號的函式庫來。

開始除錯

現在，你在目標環境上安裝好了 gdbserver，並在開發環境上有個跨平台的 GDB，終於可以開始進行除錯流程了。

連接 GDB 與 gdbserver

GDB 與 gdbserver 之間的連線，可以透過網路或序列埠介面。如果是採用網路連線的方式，在啟動 gdbserver 時要指定監聽的 TCP 埠號，還可以限定能夠連線進來的 IP 位址；不過大多時候我們並不在意連線對象的 IP，因此只要指定埠號就可以了。下例中 gdbserver 會監聽埠 10000，並等待任何 IP 的連線：

```
# gdbserver :10000 ./hello-world
Process hello-world created; pid = 103
Listening on port 10000
```

接下來，啟動在工具鏈中的 GDB，指定同樣的程式作為參數，這樣 GDB 才能載入符號表：

```
$ aarch64-poky-linux-gdb hello-world
```

在 GDB 這端，你要使用 target remote 指令來建立連線，指定目標環境的 IP 位址或是主機名稱，以及目標環境上監聽的埠號：

```
(gdb) target remote 192.168.1.101:10000
```

當 gdbserver 注意到從開發環境發來的連線後，就會印出底下這串訊息：

```
Remote debugging from host 192.168.1.1
```

用序列埠介面進行的連線過程也是大同小異。在目標環境上，你要指定 gdbserver 使用的序列埠號：

```
# gdbserver /dev/ttyO0 ./hello-world
```

此外，你可能還要先用 stty(1) 或是類似的程式，設定這個序列埠的鮑率（baud rate）。如底下這個簡單的範例所示：

```
# stty -F /dev/ttyO0 115200
```

除了 stty 之外還有很多選擇，請閱讀手冊頁了解更多細節。另外也需要注意指定的埠號不能是已被挪作為他用的埠號，比方說，你不能使用已被用於系統控制的埠號。

在開發環境這端，則是要使用 target remote 加上指定在開發環境這端的序列裝置（serial device）。此時大多也需要透過 GDB 指令 set serial baud 來設定開發環境端的鮑率（baud rate）：

```
(gdb) set serial baud 115200
(gdb) target remote /dev/ttyUSB0
```

GDB 與 gdbserver 建立了連線，但現在還沒到設定中斷點並開始逐步推演程式碼的階段。

設定 sysroot

GDB 需要知道在哪邊才能找到共用函式庫的除錯符號與原始碼。當除錯是直接在本地端進行時，對 GDB 來說這些檔案的路徑都是已知的，但當使用跨平台工具鏈進行時，GDB 可沒辦法猜出目標環境上的檔案系統根目錄在哪裡。因此你需要設定 sysroot。

如果你是使用 Yocto Project SDK 來組建應用程式的話，那麼 sysroot 就是位於 SDK 當中，請在 GDB 底下這樣設定：

```
(gdb) set sysroot /opt/poky/3.1.5/sysroots/aarch64-poky-linux
```

如果你是使用 Buildroot 的話，sysroot 就是位於 output/host/usr/< 工具鏈路徑 >/ sysroot 底下，你也可以透過軟連結的 output/staging 指向這個目錄。因此，請在 GDB 底下這樣設定：

```
(gdb) set sysroot /home/chris/buildroot/output/staging
```

GDB 還需要知道除錯對象的原始碼檔案位置。你可以利用 show directories 指令，看到這些檔案的預設搜尋路徑為何：

```
(gdb) show directories
Source directories searched: $cdir:$cwd
```

預設搜尋路徑中，$cwd 指的是 GDB 在開發環境上執行時的當前工作目錄（current working directory），而 $cdir 指的是原始碼檔案編譯時的路徑。後者會透過 DW_AT_comp_dir 被寫入到目標檔（object file）當中，你只要利用 objdump --dwarf 就可以看到其內容，如下所示：

```
$ aarch64-poky-linux-objdump --dwarf ./helloworld | grep DW_AT_comp_
dir
[...]
<160> DW_AT_comp_dir : (indirect string, offset: 0x244): /home/chris/
helloworld
[...]
```

多數時候，只要依靠預設的 $cdir 與 $cwd 路徑就夠了，但如果在編譯後、到除錯前，目錄路徑發生過改變，那就會出現問題。在採用 Yocto Project 時，是有可能出現這種情況的。就以 Yocto Project SDK 編譯程式時，寫入的 DW_AT_comp_dir 為例：

```
$ aarch64-poky-linux-objdump --dwarf ./helloworld | grep DW_AT_comp_
dir
<2f> DW_AT_comp_dir : /usr/src/debug/glibc/2.31-r0/git/csu
<79> DW_AT_comp_dir : (indirect string, offset: 0x139): /usr/src/
debug/glibc/2.31-r0/git/csu
<116> DW_AT_comp_dir : /usr/src/debug/glibc/2.31-r0/git/csu
<160> DW_AT_comp_dir : (indirect string, offset: 0x244): /home/chris/
helloworld
[...]
```

從上面我們可以看到，有好幾個都是指向了 /usr/src/debug/glibc/2.31-r0/git 這個路徑，但開發環境上沒有這個路徑啊？原來這指的是 SDK 底下 sysroot 中的相對路徑，因此完整的絕對路徑應該是 /opt/poky/3.1.5/sysroots/aarch64-poky-linux/usr/src/debug/glibc/2.31-r0/git 才對。SDK 底下存有目標映像檔中所有「程式」與「函式庫」的原始碼檔案，而 GDB 在處理這種目錄路徑的移動問題時，有一個 substitute-path 的功能可以利用。因此，當讀者採用的是 Yocto Project SDK 時，就要這樣設定：

```
(gdb) set sysroot /opt/poky/3.1.5/sysroots/aarch64-poky-linux
(gdb) set substitute path /usr/src/debug/opt/poky/3.1.5/sysroots/
aarch64-poky-linux/usr/src/debug
```

萬一有額外的共用函式庫是處於 sysroot 路徑之外，你就要再設定 set solib-search-path，以分號（;）做分隔，列出所有搜尋共用函式庫的路徑。當 GDB 在 sysroot 底下找不到時，就會再去搜尋 solib-search-path 所設定的路徑了。

不論是函式庫或程式，第三種告知 GDB 搜尋原始碼路徑的方式，是利用 directory 指令：

```
(gdb) directory /home/chris/MELP/src/lib_mylib
Source directories searched: /home/chris/MELP/src/lib_
mylib:$cdir:$cwd
```

用這種方式所設定的路徑，在搜尋上的優先程度會先於 sysroot 或 solib-search-path。

GDB 指令檔

由於每次使用 GDB 之前，都要花上一點時間來準備，就像設定 sysroot 這類的動作，因此如果能將這類指令放進一個指令檔（command file），並在每次啟動 GDB 時執行的話就方便多了。GDB 讀取指令的順序，會先從 $HOME/.gdbinit 的位置開始，然後是當前目錄底下的 .gdbinit，最後是以 -x 參數於指令列中指定的檔案路徑。但出於安全因素，GDB 在最近的版本中不再從當前目錄底下讀取 .gdbinit 了，不過你還是可以在 $HOME/.gdbinit 當中加上底下這行，改變這個行為模式：

```
set auto-load safe-path /
```

也可以加上底下這行，直接對特定的目錄路徑停用安全檢查：

```
add-auto-load-safe-path /home/chris/myprog
```

筆者個人則是比較傾向使用 -x 參數，來指向指令檔的路徑，這樣也能提醒自己檔案的位置在哪裡。

作為設定 GDB 的協助，Buildroot 會產生一個 GDB 指令檔在 output/staging/usr/share/buildroot/gdbinit，並寫入正確的 sysroot 設定指令。指令的內容會類似於下面這樣：

```
set sysroot /home/chris/buildroot/output/host/usr/aarch64-buildroot-
linux-gnu/sysroot
```

現在 GDB 正在運行，也能找到所需的除錯資訊，接著讓我們簡單說明可使用的一些指令吧。

GDB 指令一覽

GDB 當中可使用的指令相當多，在線上的說明手冊與本章最後所列的「**延伸閱讀**」小節中，都有資料可供參考。為了讓各位讀者儘快上手，底下是最常使用的指令清單一覽。這些指令大多數都有縮寫版本可用，一併列於下表。

中斷點指令

底下表格列出的是與「中斷點（breakpoint）操作」相關的指令：

指令	縮寫	用途
`break <location>`	`b <location>`	在函式名稱、行號或是程式中某行設置中斷點。`<location>` 的值像是 main、5 或是 `sortbug.c:42` 這樣。
`info breakpoints`	`i b`	列出設置的中斷點。
`delete breakpoint <N>`	`d b <N>`	刪除編號 N 的中斷點。

執行與逐步推演指令

底下表格列出的是與「執行及逐步推演」相關的指令：

指令	縮寫	用途
`run`	`r`	把一份全新的程式複本載入記憶體，並開始執行。在使用 gdbserver 進行遠端除錯時，此指令沒有作用。
`continue`	`c`	離開中斷點繼續執行。
`Ctrl+C`	-	停止正在除錯的程式執行。
`step`	`s`	往下一行程式碼推演，如果下一行程式碼是呼叫函式，那麼就會進到函式中。
`next`	`n`	往下一行程式碼推演，但會跳過函式呼叫的過程。
`finish`	-	持續執行直到目前的函式結束。

資訊相關指令

底下表格列出的是與獲取資訊相關的指令：

指令	縮寫	用途
`backtrace`	`bt`	列出函式呼叫堆疊的內容。
`info threads`	`i th`	顯示與執行緒相關的資訊。
`info sharedlibrary`	`i share`	顯示與共用函式庫相關的資訊。
`print <variable>`	`p <variable>`	印出 `<variable>` 變數中的值，例如：`print foo`。
`list`	`l`	列出目前程式正在執行位置的前後幾行程式碼。

在我們開始逐步推演程式之前，首先得要設定好中斷點才行。

遇到中斷點時

gdbserver 會將程式載入記憶體中，並在第一行程式碼設置中斷點，然後等待 GDB 的連線進來。當連線建立之後，才會真正開始除錯的流程。不過，如果這時馬上往前進行一步推演（single-step）的話，你會收到如下的訊息：

```
Cannot find bounds of current function
```

這是因為程式被停在了用於建立 C 與 C++ 程式執行期環境的組合語言程式碼上面。C 或者是 C++ 語言的程式碼第一行是 main() 函式，所以先假設讀者想要停在 main()，那就要在這邊設置中斷點，然後再用 continue 指令（縮寫是 c），告訴 gdbserver 離開程式起始的中斷點繼續執行，直到停在 main() 為止：

```
(gdb) break main
Breakpoint 1, main (argc=1, argv=0xbefffe24) at helloworld.c:8
printf("Hello, world!\n");
(gdb) c
```

此時，你可能會看到如下訊息：

```
Reading /lib/ld-linux.so.3 from remote target...
warning: File transfers from remote targets can be slow. Use "set
sysroot" to access files locally instead.
```

至於在比較舊的 GDB 版本中，你可能會看到如下訊息：

```
warning: Could not load shared library symbols for 2 libraries, e.g.
/lib/libc.so.6.
```

不論是哪一種訊息，都表示你忘記設定 sysroot 了喔！趕快回去看一下前面關於設定 sysroot 的說明吧。

如果是在本地端用 run 指令直接執行程式，情況就會不同。事實上，要是在遠端除錯流程中輸入 run 指令，你會看到一則訊息告訴你：遠端目標環境不支援 run 指令，或在比較舊的 GDB 版本中，則是會沒有任何訊息直接卡在那邊。

GDB 的 Python 擴充

藉由加入完整的 Python 直譯器，就可以擴充 GDB 的功能。只要在組建之前，將 GDB 加上 --with-python 的設定選項即可。這樣一來，就可以透過 API 介面，以 Python 物件的形式，來了解 GDB 的內部狀態。這個 API 讓我們能夠使用 Python 編寫指令檔，來自訂客製化的 GDB 指令。藉由自行擴充的指令，便能提供 GDB 原本所沒有的除錯功能，例如追蹤點（tracepoint）、更美觀的訊息排版等。

啟用 GDB 的 Python 支援

在「**Buildroot 的遠端除錯設定**」小節中，我們說明了如何設定 Buildroot 來啟用遠端除錯。而要啟用 GDB 對 Python 的支援，還需要再多加上幾個步驟。在本書寫成當下，Buildroot 僅提供 GDB 對 Python 2.7 版本的支援而已，但有總比沒有好。由於 Buildroot 工具鏈中缺少一些必要的支援設定，因此我們無法直接用工具鏈來組建「支援 Python 功能的 GDB」。

請依照如下步驟，在開發環境上組建「跨平台、支援 Python 功能的 GDB」：

1. 切換到 Buildroot 的安裝目錄：

   ```
   $ cd buildroot
   ```

2. 針對要組建映像檔的目標機板複製一份設定檔出來：

   ```
   $ cd configs
   $ cp raspberrypi4_64_defconfig rpi4_64_gdb_defconfig
   $ cd ..
   ```

3. 先把前一次組建過程的產出物清除掉：

   ```
   $ make clean
   ```

4. 改用這份複製的設定檔：

   ```
   $ make rpi4_64_gdb_defconfig
   ```

5. 開始客製化映像檔的自訂設定：

```
$ make menuconfig
```

6. 找到 **Toolchain | Toolchain type | External toolchain** 選單並選取該選項，啟用外部工具鏈的使用。

7. 跳出 **External toolchain** 選單，然後進入 **Toolchain** 子選單。選取你要使用的外部工具鏈，例如 **Linaro AArch64 2018.05**。

8. 在 **Toolchain** 選單頁中，選取 **Build cross gdb for the host**，然後啟用 **TUI support** 與 **Python support** 項目：

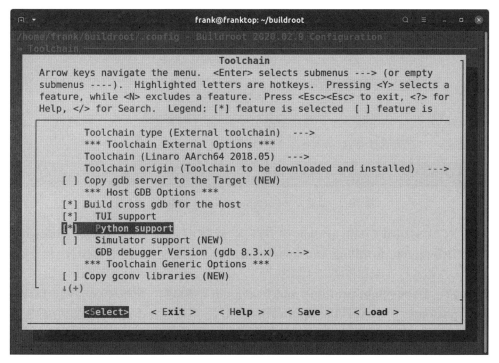

圖 19.1：啟用 GDB 的 Python support（Python 支援）功能

9. 從 **Toolchain** 選單頁繼續往下，找到 **GDB debugger Version** 子選單，然後選取 Buildroot 當前可提供的「最新的 GDB 版本」。

10. 跳出 **Toolchain** 選單頁，繼續往下，找到 **Build options**，然後選取 **build packages with debugging symbols** 項目。

11. 跳出 **Build options** 選單頁，繼續往下，找到 **System Configuration**，然後選取 **Enable root login with password** 項目。然後進入 **Root password**，在輸入欄位設定非空白密碼：

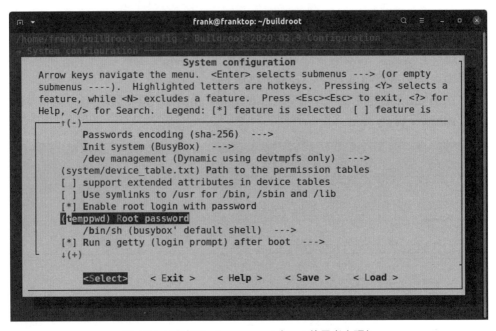

圖 19.2：設定 Root password（root 使用者密碼）

12. 跳出 **System Configuration** 選單頁，繼續往下，找到 **Target packages | Debugging, profiling and benchmark** 項目。然後選取 **gdb** 項目，將 gdbserver 加到目標環境映像檔中。

13. 跳出 **Debugging, profiling and benchmark** 選單頁，繼續往下，找到 **Target packages | Networking applications** 項目。然後選取 **dropbear** 項目，啟用對目標環境的 scp 與 ssh 連線。但是請注意，在使用 dropbear 時，若要以 root 使用者帳號透過 scp 或 ssh 登入，是必須輸入密碼的。

14. 找到 **Target packages | Miscellaneous**，然後加入 **haveged** 核心常駐服務（entropy daemon），這樣可以在啟動後更快地使用 SSH 登入。

15. 將一個套件作為除錯的對象加到映像檔中。筆者自己是在 **Target packages | Development tools** 加入了一個以 C 語言寫成的 patch/diff（比對修補）工具：bsdiff。

16. 儲存變更，離開 Buildroot 的 menuconfig 設定畫面。

17. 將變更套用到設定檔中：

```
$ make savedefconfig
```

18. 組建目標環境映像檔：

```
$ make
```

如果讀者想要的話，也可以略過以上的設定步驟，直接從本書儲存庫的範例資料夾中，找到針對 Raspberry Pi 4 目標環境設定好的 rpi4_64_gdb_deconfig 檔案。將該檔案從 MELP/Chapter19/buildroot/configs/ 底下複製到你的 buildroot/configs 目錄中，然後再執行組建就好。

組建完成後，你可以在 output/images/ 底下找到一份啟動用（bootable）的 sdcard.img 映像檔，使用 Etcher 寫入到 microSD 卡中，再把 microSD 卡插入目標裝置並啟用。接著，連上區域網路，用 arp-scan 找出該裝置的網路 IP 位址，並且以 root 使用者帳號身分登入 SSH 連線，輸入剛剛設定時的密碼。如果讀者是直接套用本書儲存庫提供的 rpi4_64_gdb_defconfig 設定檔來組建映像檔，那麼 root 使用者帳號的密碼會是 temppwd。

接下來，就可以透過 GDB 來遠端對 bsdiff 除錯了：

1. 首先，在目標環境上切換到 /usr/bin 目錄路徑底下：

```
# cd /usr/bin
```

2. 接著，如同之前 helloworld 範例那樣，用 gdbserver 執行 bsdiff：

```
# gdbserver :10000 ./bsdiff pcregrep pcretest out
Process ./bsdiff created; pid = 169
Listening on port 10000
```

3. 然後，啟動工具鏈中的 GDB 工具，並且指向含有除錯符號表的 bsdiff 程式：

```
$ cd output/build/bsdiff-4.3
$ ~/buildroot/output/host/bin/aarch64-linux-gdb bsdiff
```

4. 在 GDB 環境中設定 sysroot 路徑：

```
(gdb) set sysroot ~/buildroot/output/staging
```

5. 接下來，就可以用目標環境的 IP 位址或是主機名稱，加上 gdbserver 所設定監聽的網路埠，遠端連線到目標環境上的 gdbserver 了：

```
(gdb) target remote 192.168.1.101:10000
```

6. 當 gdbserver 監聽到從開發環境來的連線後，會印出如下訊息：

```
Remote debugging from host 192.168.1.1
```

7. 從 `<data-directory>`/python 中將 Python 指令檔（例如範例中的 tp.py）載入 GDB，然後執行：

```
(gdb) source tp.py
(gdb) tp search
```

在本範例中執行的 tp 指令是一個追蹤點（tracepoint）工具，指令後面的參數 search 指的是 bsdiff 中的一個遞迴函數（recursive function）名稱。

8. 如果想知道 GDB 是在哪個路徑下搜尋 Python 指令檔的，可以執行如下指令：

```
(gdb) show data-directory
```

GDB 中支援的這些 Python 功能，同樣也可以用於除錯 Python 所編寫的程式。而且 GDB 的除錯視野還能深入到 CPython 當中，反之，Python 標準除錯器 pdb 是辦不到這一點的，甚至 GDB 還能將 Python 程式碼注入（inject）到正在執行的 Python 程序當中。利用這項功能，就能夠開發出強大除錯工具，例如 Facebook 團隊（https:// github.com/facebookincubator/memory-analyzer）所編寫的 Python 3 記憶體分析器（memory analyzer）。

就地除錯

在已經可以遠端除錯的情況下，其實沒有必要特地在目標環境上以本地端 GDB 執行就地除錯，但你還是可以選擇這麼做。要執行就地除錯，除了需要在目標映像檔中安裝 GDB 之外，還要把除錯對象的原始碼，以及未經去除符號表的可執行檔，一併裝入映像檔中才行。不論採用的是 Yocto Project 還是 Buildroot 都可以這樣做。

> **Note**
>
> 對於嵌入式裝置的開發者來說，雖然就地除錯（native debugging）的需求並不常見，但在目標環境本地端上，就地執行「剖析或追蹤工具」反倒是很常見的事情。就如同這邊所提到的，在「含有符號表的可執行檔」與「原始碼」的協助下，這些工具才能發揮完整效用。不過這個議題我們就留到下一章節再探討。

Yocto Project

首先把底下這一行加到 `conf/local.conf` 中，以便把 gdb 安裝到目標映像檔內：

```
EXTRA_IMAGE_FEATURES ?= "tools-debug dbg-pkgs"
```

你需要針對「你想要除錯的對象」取得除錯用的資訊。在 Yocto Project 中，含有除錯資訊（符號表與原始碼等）的套件，會是以另一種套件版本的形式存在，只要將 <**套件名稱**>-dbg 的名稱寫入到 `conf/local.conf` 內，就可以把這些除錯用套件加到目標映像檔中。又或者是如同上面範例所示，直接把 dbg-pkgs 設定到 EXTRA_IMAGE_FEATURES 變數中，就能安裝「所有的」除錯用套件。但相對地，這會使得目標映像檔的體積大幅暴增，甚至有可能來到數百 MB 之譜。

安裝後，原始碼的部分會位於目標映像檔內 `/usr/src/debug/<`**套件名稱**`>` 的目錄底下，我們就不用再另外執行 `set substitute-path` 來設定 GDB 的搜尋路徑了。要是讀者認為不需要原始碼的部分，也可以在 `conf/local/conf` 中加上底下這一行，排除原始碼的安裝：

```
PACKAGE_DEBUG_SPLIT_STYLE = "debug-without-src"
```

Buildroot

使用 Buildroot 的話，只要啟用如下設定，就可以把「就地除錯用的 GDB」安裝到目標映像檔中：

- 在 **Target packages | Debugging, profiling and benchmark | Full debugger** 選單中的 `BR2_PACKAGE_GDB_DEBUGGER` 項目。

接著，啟用以下第一項設定，並停用第二項設定，就可以把「除錯用的可執行檔」安裝到目標映像檔中：

- 啟用在 **Build options | Build packages with debugging symbols** 選單中的 `BR2_ENABLE_DEBUG` 項目。
- 停用在 **Build options | Strip target binaries** 選單中的 `BR2_STRIP_strip` 項目。

就地除錯的設定就這樣而已。再次提醒，由於「原始碼」與「除錯符號」的安裝會使得目標映像檔的體積暴增，因此這種做法在嵌入式裝置的開發情境中並不常見。接下來，讓我們看看另一種遠端除錯的做法。

及時除錯

有時程式在執行一段時間之後，會開始慢慢出錯，此時你就會想知道到底是發生了什麼事情，而這就是 GDB 中 attach 功能的用途，筆者則稱之為「及時除錯」（just-in-time debugging）。這種做法在本地端或是遠端除錯的流程中都可以使用。

以遠端除錯來說，首先你需要找到作為除錯對象程序的 PID 值，然後用 --attach 參數指定給 gdbserver。比方說，要是 PID 值是 109 的話，那麼就需要輸入：

```
# gdbserver --attach :10000 109
Attached; pid = 109
Listening on port 10000
```

如同中斷點的效用那樣，這會強制程序暫停下來，讓我們可以依照平常那樣啟動跨平台 GDB，並連線到 gdbserver 上。等到我們完成除錯之後，就可以執行 detach 指令斷開，讓程式離開除錯器執行下去：

```
(gdb) detach
Detaching from program: /home/chris/MELP/helloworld/helloworld,
process 109
Ending remote debugging.
```

如果是單一程序的話，只要知道 PID 編號就可以輕鬆做到及時除錯。但如果今天是多程序或多執行緒的程式呢？GDB 當然也可以辦到。

分支與執行緒除錯

當我們正在除錯的程式分支（fork）後，會發生什麼事？除錯的流程會追蹤父程序還是子程序？這個行為是由 follow-fork-mode 選項來控制的，可以追蹤父程序的 parent 或是追蹤子程序的 child，預設上是追蹤父程序。但不幸的是，在 gdbserver 目前的版本中（10.1 版本）並不支援這個選項，所以這個選項只有直接在本地端除錯時才有效。如果我們真的想要在使用 gdbserver 的情況下對子程序除錯，一個變通的方法是修改程式碼，讓子程序在分支之後，馬上進入一個變數條件式的無窮迴圈中，讓我們有機會能夠將一個新的 gdbserver 除錯流程附上子程序，再設定這個變數條件，以讓子程序離開無窮迴圈。

而在多執行緒程序中的一條執行緒遇到中斷點時，預設採用的行為是將所有的執行緒都暫停下來。多數時候也的確最好這樣做，因為這樣才能讓你在不被其他執行緒影響的情況下，檢查靜態變數的內容。但等到執行緒重新開始執行後，即使這時進行逐步推演，其他原本暫停的執行緒也會繼續下去，而這種時候最容易造成問題。透過設定 scheduler-locking 參數，可以改變 GDB 處理「暫停執行緒」的方式。一般這個選項是設定成 off，但如果改為 on 的話，就會只有「因中斷點而暫停的執行緒」可以執行下去，其他執行緒則繼續維持在暫停的狀態，讓你有機會在排除其他執行緒干擾的情況下，觀察單獨執行的情形，這個情形會持續到你把 scheduler-locking 改回 off 為止。gdbserver 有支援這個功能。

記憶檔

記憶檔（core file） 會在程式因為出錯而終止的時候，抓取當下的狀態，不需要我們開著除錯器等著程式缺失發作。所以，當你看到 Segmentation fault (core dumped) 的時候別只是嘆氣，趕快去查看記憶檔，然後從茫茫的資訊大海中找出寶石吧。

只是預設上並不會自動產生記憶檔，只有當程序中指派給記憶檔的資源限制大於 0 時才會產生。你可以在當下的指令列環境中，以 ulimit -c 指令改變這個設定。要直接停用對記憶檔大小的所有限制，可以輸入底下的指令：

```
$ ulimit -c unlimited
```

記憶檔的預設名稱是 core，並存放在程序當下的工作目錄底下，也就是 /proc/<PID>/cwd 軟連結所指向的地方；然而這機制造成了幾個問題。首先是當你看到裝置裡面出現好幾個都名為 core 的檔案時，很難一眼就分辨出來究竟是哪個程式產生了哪個檔案。再來是程序當下的工作目錄可能會落在一個唯讀的檔案系統中，或者工作目錄所處的地方沒有足夠空間可存放記憶檔，又或者是程序沒有足夠的權限可在工作目錄底下進行寫入動作。

有兩個檔案可用來控制記憶檔的命名與存放位置規則。第一個是 /proc/sys/kernel/core_uses_pid，對檔案寫入 1 值，會在記憶檔的檔名尾端加上程序的 PID 編號，這至少能讓我們從紀錄當中以 PID 串出程式的名稱。

另外一個較有用的是 /proc/sys/kernel/core_pattern，可以給我們更多關於記憶檔的控制權。預設的命名雖然是 core，但可以變更為以下這些變數組合而成的新規則：

- %p：PID
- %u：「被傾印資訊程序」（the dumped process）的實際 UID
- %g：「被傾印資訊程序」的實際 GID
- %s：導致傾印的訊號編號（the number of the signal）
- %t：傾印時的時間戳記，這個值是從以 Linux 時間紀元的 1970-01-01 00:00:00 +0000 (UTC) 起算的秒數
- %h：主機名稱
- %e：可執行檔的檔案名稱
- %E：可執行檔的檔案路徑，但斜線符號（/）會被替代為驚嘆號（!）

- %c:「被傾印資訊程序」對「記憶檔大小」所設定的「資源軟限制值」(soft resource limit)

我們也可以在命名規則前加上一個絕對目錄路徑,這樣所有的記憶檔都會被集中到同一個地方。作為範例,底下這條命名規則會把所有記憶檔都放進一個名為 /corefiles 的目錄,並且以「程式名稱」與「崩壞 (crash) 的時間戳記」命名:

```
# echo /corefiles/core.%e.%t > /proc/sys/kernel/core_pattern
```

在記憶檔被傾印出來之後,你就可以看到下面這種結果:

```
$ ls /corefiles
core.sort-debug.1431425613
```

更多細節請參考 core(5) 的手冊頁內容。

使用 GDB 查看記憶檔

底下是以 GDB 查看記憶檔的一個範例:

```
$ arm-poky-linux-gnueabi-gdb sort-debug /home/chris/rootfs/corefiles/
core.sort-debug.1431425613
[...]
Core was generated by `./sort-debug'.
Program terminated with signal SIGSEGV, Segmentation fault.
#0  0x000085c8 in addtree (p=0x0, w=0xbeac4c60 "the") at sort-debug.
c:41
41      p->word = strdup (w);
```

上面範例中顯示出這個程式只執行到第 41 行為止。使用 list 指令就可以顯示出該行前後的程式碼內容:

```
(gdb) list
37 static struct tnode *addtree (struct tnode *p, char *w)
38 {
39     int cond;
40
41     p->word = strdup (w);
42     p->count = 1;
```

```
43      p->left = NULL;
44      p->right = NULL;
45
```

使用 backtrace 指令（或使用縮寫 bt），則可以顯示出程式執行到該行程式碼的過程：

```
(gdb) bt
#0 0x000085c8 in addtree (p=0x0, w=0xbeac4c60 "the") at sort-debug.c:41
#1 0x00008798 in main (argc=1, argv=0xbeac4e24) at sort-debug.c:89
```

從這邊，我們就可以發現一個錯誤，即傳進 addtree() 函式的是一個空指標。

GDB 除錯器的發展是從「指令列介面」開始，許多人直到現在還是習慣這樣的使用方式。即使後來 LLVM 專案的 LLDB 除錯器日漸受到採用，但在 Linux 環境上，大部分人還是以 GCC 與 GDB 作為主要的編譯器與除錯器。因此，本書仍以「指令列介面」為主介紹 GDB 的使用，但接下來還是會說明一下如何操作 GDB 中較新式的使用者介面。

GDB 使用者介面

透過 GDB 的人機介面 GDB/MI，就可以控制位於低階操作介面的 GDB，這能讓更大型的軟體或是較高階的使用者介面，將 GDB 整合進去，提供你更多元的操作方式。

在這個小節中，筆者會介紹三種適合用於嵌入式開發情境上的除錯介面，分別是 **Terminal User Interface（簡稱 TUI）**、**Data Display Debugger（簡稱 DDD）**、Visual Studio Code。

Terminal User Interface

Terminal User Interface（終端使用者介面，簡稱 TUI） 是在標準 GDB 套件中一個可額外安裝的選項。主要的功能是用一個程式碼視窗顯示接下來即將被執行到的那行程式碼內容，以及中斷點的所在位置。相較於指令列模式下的 GDB 只能使用 list 指令，這個功能好用太多了。

TUI 的好處在於無須進行額外的設定步驟便可使用，而且由於是以純文字模式顯示，因此當你在目標環境上用 gdb 就地除錯時，也可以透過 SSH 終端使用。大部分的工具鏈都會在 GDB 的設定當中加入 TUI。只要在指令列參數加上 -tui，就可以看到如下畫面：

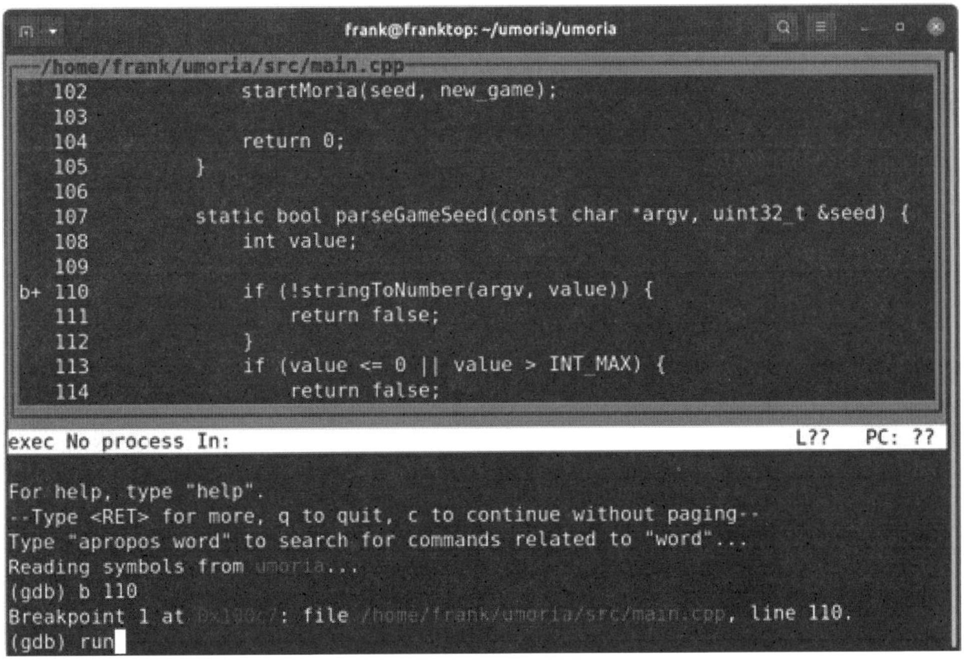

圖 19.3：TUI 使用者介面

要是讀者不滿足於 TUI 提供的純文字型介面，希望有更圖形化的介面的話，那麼你也可以選擇 GNU 專案中的 Data Display Debugger：https://www.gnu.org/software/ddd。

Data Display Debugger

Data Display Debugger（簡稱 DDD）是一個獨立的簡易軟體，能讓你在花費最少功夫之下，提供一個 GDB 的圖形化使用者介面，雖然這個使用者介面的外觀如今看起來非常過時，但卻能滿足所有必要的需求。

使用 --debugger 參數就可以指定 DDD 使用你工具鏈中的 GDB，然後再用 -x 參數指定 GDB 的指令檔：

```
$ ddd --debugger arm-poky-linux-gnueabi-gdb -x gdbinit sort-debug
```

底下這張截圖展示了 DDD 中最好用的一項功能：以方格式顯示資料內容，且可自由拖拉的資料視窗。如果你對一個指標用滑鼠雙點，就會將其中的資料內容展開為一個新的資料視窗，並以箭頭顯示這兩者之間的關聯：

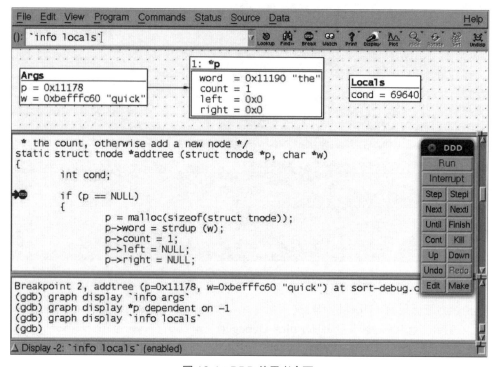

圖 19.4：DDD 使用者介面

要是讀者是網頁應用程式的開發者，不滿意以上這兩種使用者介面，希望有最新、最前端的整合式開發工具的話，這邊也有適合你的選項。

Visual Studio Code

Visual Studio Code 是一套由 Microsoft 開發，如今廣受歡迎的開源程式編輯器。由於是以 TypeScript 寫成的 Electron 應用程式，因此比起 Eclipse 這類包山包海的 IDE 編輯器來說，更為輕量、也更有彈性。透過廣大的社群使用者貢獻擴充，可支援的程式語言種類相當豐富，而在加上 CMake 與 C/C++ 的擴充後，Visual Studio Code 也能實現 GDB 遠端除錯。

安裝 Visual Studio Code

在 Ubuntu Linux 作業系統上，最簡便的 Visual Studio Code 安裝方式是透過 snap：

```
$ sudo snap install --classic code
```

但在實際建立一個 C/C++ 專案，讓我們能夠部署到 Raspberry Pi 4 機板上並進行遠端除錯之前，首先還需要一份工具鏈。

安裝工具鏈

這邊我們以 64 位元 ARM 核心的 Raspberry Pi 4 機板為目標環境，採用 Yocto 來組建一份含有工具鏈的 SDK。我們在「**第 7 章，運用 Yocto Porject 開發**」的「**組建既有的 BSP**」小節就已經示範過一次了。

這邊同樣利用該章節的 `poky/build-rpi` 輸出目錄，來組建一份新的 `core-image-minimal-dev` 映像檔，以及該映像檔的 SDK：

1. 首先，切換你安裝 Yocto 的目錄的上一層。
2. 然後，引用 `build-rpi` 組建環境設定：

   ```
   $ source poky/oe-init-build-env build-rpi
   ```

3. 編輯 `conf/local.conf` 檔案，加入以下內容：

   ```
   MACHINE ?= "raspberrypi4-64"
   IMAGE_INSTALL_append = " gdbserver"
   EXTRA_IMAGE_FEATURES ?= "ssh-server-openssh debug-tweaks"
   ```

   啟用 `debug-tweaks` 功能，就可以在使用 `scp` 或 `ssh` 等指令列工具進行除錯或執行程式時，避免開發環境連線到遠端環境「還需要 root 使用者密碼」的問題。

4. 接著，組建出以 Raspberry Pi 4 為目標環境的開發版映像檔（development image）：

```
$ bitbake core-image-minimal-dev
```

5. 把 tmp/deploy/images/raspberrypi4-64/ 路徑底下的 core-image-minimal-dev-raspberrypi4-64.wic.bz2 映像檔產出，透過 Etcher 寫入到一張 microSD 卡中，然後載入到 Raspberry Pi 4 機板上啟動。

6. 將 Raspberry Pi 4 機板透過乙太網路線連接到區域網路上，然後用 arp-scan 指令找出 Raspberry Pi 4 機板被分配到的網路 IP 位址。接下來，我們會用此 IP 位址設定 CMake，來進行遠端除錯。

7. 最後，組建出 SDK：

```
$ bitbake -c populate_sdk core-image-minimal-dev
```

> **Note**
>
> 千萬不要在正式上線版本的映像檔中使用 debug-tweaks 功能。雖然替正式上線的軟體建立一條自動化的 CI/CD 更新流水線是很重要的事情，但也要萬分小心，別讓「處於開發狀態的映像檔」外洩到正式環境中。

這樣一來，在 poky/build-rpi 路徑底下的 tmp/deploy/sdk 目錄中，就會出現一份自我解壓縮（self-extracting）的安裝檔 poky-glibc-x86_64-core-image-minimal-dev-aarch64-raspberrypi4-64-toolchain-3.1.5.sh，可用於在任何 Linux 開發環境上安裝這份 SDK。到 tmp/deploy/sdk 目錄下並執行安裝檔：

```
$ ./poky-glibc-x86_64-core-image-minimal-dev-aarch64-raspberrypi4-64-
toolchain-3.1.5.sh
Poky (Yocto Project Reference Distro) SDK installer version 3.1.5
================================================================
Enter target directory for SDK (default: /opt/poky/3.1.5):
You are about to install the SDK to "/opt/poky/3.1.5". Proceed [Y/n]?
Y
[sudo] password for frank:
Extracting SDK.........................................done
Setting it up...done
SDK has been successfully set up and is ready to be used.
Each time you wish to use the SDK in a new shell session, you need
```

```
to source the environment setup script e.g. $ . /opt/poky/3.1.5/
environment-setup-aarch64-poky-linux
```

這邊可以看到 SDK 會被安裝在 /opt/poky/3.1.5 路徑底下。不用如指示訊息所說的去引用 environment-setup-aarch64-poky-linux 環境設定，這份檔案後續會被用於建立 Visual Studio Code 專案中。

安裝 CMake

我們需要 **CMake**，才能對要部署到 Raspberry Pi 4 機板上並除錯的 C 語言程式進行跨平台編譯。請執行以下指令，在 Ubuntu Linux 上安裝 CMake：

```
$ sudo apt update
$ sudo apt install cmake
```

如果讀者已經完成「**第 2 章，工具鏈**」的練習，那麼開發環境上應該已經安裝好 CMake 了。

建立 Visual Studio Code 專案

以 CMake 建立的專案結構中，都會包含一份 CMakeLists.txt 檔案，以及 src 與 build 這兩個資料夾。

首先，我們在使用者帳號的家目錄底下，建立一個名為 hellogdb 的 Visual Studio Code 專案：

```
$ mkdir hellogdb
$ cd hellogdb
$ mkdir src build
$ code .
```

最後執行的 code . 指令，會啟動 Visual Studio Code 軟體並且開啟 hellogdb 目錄。當以 Visual Studio Code 開啟該目錄後，就會在底下產生出一個隱藏的 .vscode 資料夾，裡面會有該專案的 settings.json 與 launch.json 兩個檔案。

安裝 Visual Studio Code 的擴充功能

接著，我們需要安裝以下 Visual Studio Code 的擴充功能，才能使用工具鏈的 SDK 來進行跨平台編譯與除錯：

- C/C++ by Microsoft
- CMake by twxs
- CMake Tools by Microsoft

請從 Visual Studio Code 的視窗左側，點擊 **Extensions** 圖示，然後從擴充功能市集中找到這些擴充元件並且安裝起來。在安裝之後，擴充功能窗格裡面應該會如下圖所示：

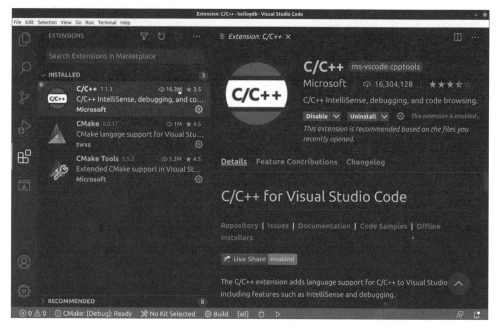

圖 19.5：擴充功能

這樣一來，就可以將 CMake 與我們用來跨平台編譯還有除錯的 SDK 整合起來，用於 `hellogdb` 專案上了。

設定 CMake

接著，我們要設定 CMakeLists.txt 與 cross.cmake 的內容，好讓 hellogdb 專案可以用工具鏈來進行跨平台編譯：

1. 請先把本書儲存庫的 MELP/Chapter19/hellogdb/CMakeLists.txt 檔案複製到使用者帳號家目錄底下的 hellogdb 專案資料夾中。

2. 回到 Visual Studio Code 的畫面上，點擊軟體視窗左上角的 **Explorer** 圖示，開啟 **Explorer** 檔案導覽的側邊窗格。

3. 在 **Explorer** 側邊窗格中，點擊 CMakeLists.txt 查看檔案內容。在這裡面，你可以看到專案的名稱被定義為 HelloGDBProject，以及目標機板的網路 IP 位址被寫死為 192.168.1.128。

4. 將「目標機板的網路 IP 位址」修改為實際查詢得知的「Raspberry Pi 4 機板的 IP 位址」後，將 CMakeLists.txt 存檔。

5. 展開 **src** 資料夾，然後從 **Explorer** 側邊窗格中點擊 **New File** 圖示，在 hellogdb 專案的 src 目錄底下，新增一個名為 main.c 的檔案。

6. 將以下程式碼內容複製到 main.c 檔案中，然後存檔：

    ```c
    #include <stdio.h>

    int main() {
        printf("Hello CMake\n");
        return 0;
    }
    ```

7. 將本書儲存庫的 MELP/Chapter19/hellogdb/cross.cmake 檔案複製到使用者帳號家目錄底下 hellogdb 專案資料夾中。

8. 最後，從 **Explorer** 側邊窗格中點擊 cross.cmake 查看檔案內容。我們可以看到，在 cross.cmake 中，sysroot_target 與 tools 這兩條路徑都是指向我們安裝 SDK 的 /opt/poky/3.1.5 目錄。而 CMAKE_C_COMPILE、CMAKE_CXX_COMPILE、CMAKE_CXX_FLAGS 這幾個變數的變數值，都是來自於 SDK 中的環境設定內容。

準備好這兩份檔案之後，我們離開始組建 hellogdb 專案又更進一步了。

專案的組建設定

接下來是修改 hellogdb 專案的 settings.json 檔案，指定使用 CMakeLists.txt 與 cross.cmake 作為組建設定：

1. 在 Visual Studio Code 軟體中開啟 hellogdb 專案後，按下 Ctrl + Shift + P 的組合鍵，叫出 **Command Palette** 指令面板。

2. 在 **Command Palette** 面板中輸入 >settings.json，然後從清單中選擇 **Preferences: Open Workspace Settings (JSON)** 項目。

3. 接著如下編輯 hellogdb 專案的 .vscode/settings.json 檔案內容：

```
{
    "cmake.sourceDirectory": "${workspaceFolder}",
    "cmake.configureArgs": [
        "-DCMAKE_TOOLCHAIN_FILE=${workspaceFolder}/cross.cmake"
    ],
    "C_Cpp.default.configurationProvider": "ms-vscode.cmake-tools"
}
```

這邊可以看到，在 cmake.configureArgs 的定義中，指向了 cross.cmake 檔案所在的路徑。

4. 再次按下 Ctrl + Shift + P 組合鍵叫出 **Command Palette** 面板。

5. 在 **Command Palette** 面板中輸入 >CMake: Delete Cache and Configuration，然後執行。

6. 從 Visual Studio Code 左側點擊 **CMake** 圖示，打開 **CMake** 側邊窗格。

7. 在 **CMake** 側邊窗格中，點擊 HelloGDBProject 執行檔後，開始組建：

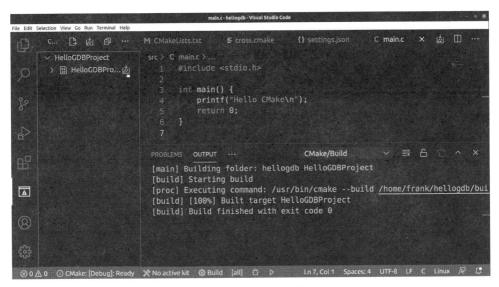

圖 19.6：組建 HelloGDBProject

如果以上都設定無誤，**Output** 面板應該會顯示如下訊息：

```
[main] Building folder: hellogdb HelloGDBProject
[build] Starting build
[proc] Executing command: /usr/bin/cmake --build /home/frank/
hellogdb/build --config Debug --target HelloGDBProject -- -j 14
[build] [100%] Built target HelloGDBProject
[build] Build finished with exit code 0
```

這樣一來，就完成以 Visual Studio Code 組建出針對 64 位元 ARM 環境的可執行檔了。接著就部署到 Raspberry Pi 4 機板上，進行遠端除錯吧。

遠端除錯設定

首先新增一份 `launch.json` 檔案，將 HelloGDBProject 的組建結果部署到 Raspberry Pi 4 機板上，然後再從 Visual Studio Code 進行遠端除錯作業：

1. 點擊 Visual Studio Code 左側的 **Run** 圖示，開啟 **Run** 側邊窗格。
2. 在 **Run** 側邊窗格中點擊 **Create launch.json file** 項目，並選擇 **C++ (GDB/ LLDB)**。
3. 當跳出 C/C++ 除錯設定時，請從清單中選擇 **Default Configuration** 項目。

4. 在 (gdb) Launch 設定中，將如下內容寫入 .vscode/launch.json 內：

```
"program": "${workspaceFolder}/build/HelloGDBProject",
"miDebuggerServerAddress": "192.168.1.128:10000",
"targetArchitecture": "aarch64",
"miDebuggerPath": "/opt/poky/3.1.5/sysroots/x86_64-pokysdk-linux/
usr/bin/aarch64-poky-linux/aarch64-poky-linux-gdb",
```

5. 請將上面 miDebuggerServerAddress 欄位的 192.168.1.128 替換為讀者 Raspberry Pi 4 機板的實際網路 IP 位址，然後存檔。

6. 在 main.c 的 main() 函式內，開頭第一行設定中斷點。

7. 在 **Run** 側邊窗格中點擊新出現的 **build_and_debug – Utility**，將 HelloGDBProject 專案的可執行檔部署到 Raspberry Pi 4 機板上，並且以 gdbserver 啟動。

如果 Raspberry Pi 4 機板沒有問題，而 launch.json 檔案也設定正確，你應該會在 **Output** 面板看到如下輸出結果：

```
[main] Building folder: hellogdb build_and_debug
[build] Starting build
[proc] Executing command: /usr/bin/cmake --build /home/frank/
hellogdb/build --config Debug --target build_and_debug -- -j 14
[build] [100%] Built target HelloGDBProject
[build] Process ./HelloGDBProject created; pid = 552
[build] Listening on port 10000
```

點擊 Visual Studio Code 軟體視窗左上角的 **(gdb) Launch** 按鈕後，你應該就會在 **Output** 面板中，看到 GDB 一路執行到了「我們在 main.c 當中設定的中斷點」行處：

```
[build] Remote debugging from host 192.168.1.69, port 44936
```

讀者們看到的情況應該會如下圖所示：

圖 19.7：GDB 遠端除錯

然後再點擊上方出現的藍色 **Continue** 按鈕，你就會在 **Output** 面板中看到後續的執行了：

```
[build] Hello CMake
[build]
[build] Child exited with status 0
[build] [100%] Built target build_and_debug
[build] Build finished with exit code 0
```

太好了！我們已成功將 Yocto 所組建出的 SDK 整合到 Visual Studio Code 當中，並可利用 CMake 與 GDB 來對目標裝置進行遠端除錯。這個過程當然說不上是輕而易舉，但在學會之後，便能依樣畫葫蘆，運用到各位讀者手上的專案中了。

內核程式碼除錯

我們可以使用 kgdb 來進行原始碼層級的除錯，同樣地也可以利用 gdbserver 來進行遠端除錯。而針對一些比較簡單的目標，像是查看程式碼是否有被執行到，並且獲取能查

看執行路徑的回溯資料的話，也可以改用內建的內核除錯器 kdb。最後，除了這些之外還有內核崩壞（kernel panic）與 oops 訊息，可以從這些訊息當中找出許多與內核錯誤有關的線索。

用 kgdb 對內核程式碼除錯

當你在使用原始碼層級的除錯器查看內核程式碼時，請務必記得，內核是一個有著即時策略行為模式的複雜系統。別天真地以為對內核除錯，會和對應用程式除錯一樣簡單。要是在那些進行記憶體映射或是上下文交換的程式碼中逐步推演，通常都會導致奇怪的問題發生。

kgdb 這個名稱的意思就是用於內核（kernel）的 GDB，許多年以前就已經是 Linux 主線的一部分。在內核的 DocBook 中也有一份使用者手冊可供參考，線上版本請見：`https://www.kernel.org/doc/htmldocs/kgdb/index.html`。

一般用來連接 kgdb 的方式是，透過一個以序列主控台（serial console）來傳輸資訊的序列埠介面（serial interface），因此這種方式又被稱為 **kgdboc**，意思是 **kgdb over console**（透過終端連線的 kgdb，over console 簡稱 oc）。要使用這個架構，就需要平台上的 tty 驅動程式支援除了中斷訊號以外的輸出入查詢方式，因為在和 GDB 連線的過程中，kgdb 需要能夠停用中斷訊號。某些平台支援透過 USB 和 kgdb 連線，還有一些版本甚至能支援透過網路連線的功能。但不幸的是，這些方式都還沒能整合進 Linux 的主線當中。

同樣地，內核在最佳化的設定以及堆疊框上也有一些注意事項。因為內核預設使用的最佳化等級至少會是 -O1，因而設下了限制。不過，你可以在執行 make 指令之前，修改 KCFLAGS 變數來變更這項內核設定。

簡單來說，底下這些就是要對內核進行除錯時，需要修改的內核設定選項：

- 在 **Kernel hacking | Compile-time checks and compiler options | Compile the kernel with debug info** 選單中的 CONFIG_DEBUG_INFO 項目。
- 在 **Kernel hacking | Compile-time checks and compiler options | Compile the kernel with frame pointers** 選單中的 CONFIG_FRAME_POINTER 項目；根據你的架構而定，這個設定可用可不用。
- 在 **Kernel hacking | KGDB: kernel debugger** 選單中的 CONFIG_KGDB 項目。

- 在 **Kernel hacking | KGDB: kernel debugger | KGDB: use kgdb over the serial console** 選單中的 `CONFIG_KGDB_SERIAL_CONSOLE` 項目。

如果是 `uImage` 或 `zImage` 這類壓縮過的內核映像檔，你還會另外需要一份 ELF 目標檔格式（ELF object format）的內核映像檔，這樣 GDB 才能把符號載入到記憶體中。當 Linux 組建好之後，也會在目錄底下產生一個名為 `vmlinux` 的檔案。在 Yocto Project 中，可以在目標映像檔裡面找到一份這個檔案的複本，便於進行其他除錯作業。這個檔案會被包含在名為 `kernel-vmlinux` 的套件中，如同其他套件一樣安裝即可。比方說，把套件安裝資訊加到 `IMAGE_INSTALL_append` 清單中。

隨後，檔案就會被放到 `boot` 目錄底下，名稱的格式類似下面這樣：

```
/opt/poky/3.1.5/sysroots/cortexa8hf-neon-poky-linux-gnueabi/boot/
vmlinux-5.4.72-yocto-standard
```

如果是 Buildroot 的話，可以在內核組建的目錄底下找到 `vmlinux`，路徑在 `output/build/linux-< 版本號 >/vmlinux`。

示範除錯過程

這邊最好還是用一個簡單的範例，讓你能從實作中學習，更加容易了解。

首先，我們要指定 `kgdb` 使用哪一個序列埠；不論是從內核指令列指定、或是在執行期透過 `sysfs` 指定都可以。以前者來說的話，就在指令列中加上 `kgdboc=<tty>,< 鮑率 >`，如下所示：

```
kgdboc=ttyO0,115200
```

另外一種做法是，先啟動裝置之後，再把終端的名稱寫入 `/sys/module/kgdboc/parameters/kgdboc` 檔案中，如下所示：

 # echo ttyO0 > /sys/module/kgdboc/parameters/kgdboc

注意如果用後者的方式，就沒辦法設定鮑率。如果你指定的 `tty` 和終端是同一個，那就不用煩惱，但如果不是的話，就要改用 `stty` 或是類似的程式。

現在你可以從開發環境上啟動 GDB 了，選擇與運行中的內核相符合的 vmlinux 檔案：

```
$ arm-poky-linux-gnueabi-gdb ~/linux/vmlinux
```

這樣 GDB 就會從 vmlinux 當中讀取出符號表，以便後續之用。

接下來，關閉任何連接到終端上的模擬器，因為這個終端要挪給 GDB 使用，如果 GDB 和模擬器同時存在的話，一些除錯字串可能會被變更污損。

現在可以回到 GDB 這邊，然後嘗試連線到 kgdb 了。不過，這時你會發現從 target remote 接收到的回應訊息半點都看不懂：

```
(gdb) set remotebaud 115200
(gdb) target remote /dev/ttyUSB0
Remote debugging using /dev/ttyUSB0
Bogus trace status reply from target: qTStatus
```

原因是因為 kgdb 此時並沒有在等待接收連線。你需要先中斷內核，才能進入到互動式的 GDB 除錯階段。不過，這裡可不像應用程式那樣，在 GDB 裡面按個 Ctrl + C 就可以解決的事情，舉例來說，你需要透過 SSH 在目標環境上啟動另外一個指令列環境，以便中斷內核，往目標機板上的 /proc/sysrq-trigger 寫入一個 g：

```
# echo g > /proc/sysrq-trigger
```

於是目標環境此時就會陷入一個靜滯狀態。現在你就能透過開發環境這一端的序列埠裝置連線到 kgdb 了：

```
(gdb) set remotebaud 115200
(gdb) target remote /dev/ttyUSB0
Remote debugging using /dev/ttyUSB0
0xc009a59c in arch_kgdb_breakpoint ()
```

終於和 GDB 正式連上線了，如此就可以執行設定中斷點、檢視變數內容、查看回溯紀錄等功能。作為範例，底下我們在 sys_sync 設定一個中斷點：

```
(gdb) break sys_sync
Breakpoint 1 at 0xc0128a88: file fs/sync.c, line 103.
(gdb) c
Continuing.
```

現在目標環境又回到正常運作的狀態下了。在目標環境上輸入 sync，呼叫 sys_sync
來觸發中斷點：

```
[New Thread 87]
[Switching to Thread 87]

Breakpoint 1, sys_sync () at fs/sync.c:103
```

如果完成除錯，要中斷和 kgdboc 之間的連線，只要把 kgdboc 的終端設為空值
（null）就可以了：

```
# echo "" > /sys/module/kgdboc/parameters/kgdboc
```

但是，就像之前用 GDB 對執行中的程序除錯一樣，這種透過序列主控台以 kgdb 對內
核除錯的方式，需要在內核完成啟動後才能進行。可是如果今天內核無法正常完成啟動
流程，而我們需要針對這個流程除錯的話呢？

早期啟動階段的除錯

先前所說的，都是針對「系統剛啟動完成時要執行的程式碼」而言。要是你想介入早期
啟動階段的程式碼，可以在內核指令列中 kgdboc 選項的後面加上 kgdbwait，讓內核
在啟動過程中暫停：

```
kgdboc=ttyO0,115200 kgdbwait
```

現在，當你啟動時就會在終端上看到底下類似這樣的訊息：

```
[    1.103415] console [ttyO0] enabled
[    1.108216] kgdb: Registered I/O driver kgdboc.
[    1.113071] kgdb: Waiting for connection from remote gdb...
```

這時你就可以關閉終端，然後像前面那樣進行 GDB 的連線了。

對模組除錯

在對內核模組進行除錯時，將會面臨更多的挑戰，因為程式在執行期會被重新定址（relocated），因此還得先找到程式真正所在的記憶體位址才行。這個資訊可以從 sysfs 查詢，模組中每個區塊（section）被重新定址之後的記憶體位址，都會被存在 /sys/module/< 模組名稱 >/sections 底下。要注意的是，因為 ELF 格式的區塊檔案名稱會以一個點符號（.）作為開頭，所以必須要用 ls -a 指令，才能把這些被隱藏的檔案顯示出來。其中幾個比較重要的檔案是 .text、.data 與 .bss。

這邊就以一個名為 mbx 的模組來舉例說明：

```
# cat /sys/module/mbx/sections/.text
0xbf000000
# cat /sys/module/mbx/sections/.data
0xbf0003e8
# cat /sys/module/mbx/sections/.bss
0xbf0005c0
```

現在你就可以在 GDB 裡面用這些顯示的數字，來載入位於這些位址上模組的符號表了：

```
(gdb) add-symbol-file /home/chris/mbx-driver/mbx.ko 0xbf000000 \
-s .data 0xbf0003e8 -s .bss 0xbf0005c0
add symbol table from file "/home/chris/mbx-driver/mbx.ko" at
.text_addr = 0xbf000000
.data_addr = 0xbf0003e8
.bss_addr = 0xbf0005c0
```

接下來的事情就如往常一樣，你可以在模組中設定中斷點、查看全域或是區域變數的內容，就和對 vmlinux 所做的一樣：

```
(gdb) break mbx_write
Breakpoint 1 at 0xbf00009c: file /home/chris/mbx-driver/mbx.c, line
93.
(gdb) c
Continuing.
```

接著，強制讓裝置驅動程式去呼叫 `mbx_write` 的話，就可以觸發中斷點：

```
Breakpoint 1, mbx_write (file=0xde7a71c0, buffer=0xadf40 "hello\n\n",
length=6, offset=0xde73df80) at /home/chris/mbx-driver/mbx.c:93
```

如果讀者已經習慣在用戶空間中使用 GDB 進行除錯，那麼「使用 `kgdb` 對內核程式碼與模組進行除錯」應該也能夠很快上手。接下來看看另一種選擇：`kdb`。

用 kdb 對內核程式碼除錯

雖然比不上 `kgdb` 與 GDB 的功能，但 **kdb** 還是有它的用處，至少作為一個可以自組建的軟體，不用擔心有什麼外部依賴關係需要處理。我們可以透過一個序列主控台，來使用 `kdb` 簡易的指令列介面操作，它可以用來查看記憶體內容、暫存器內容、程序清單、`dmesg`，還可以指定停在某個位置的中斷點。

如果要透過序列主控台使用 `kdb` 的話，需要先照之前 `kgdb` 那樣設定，然後再額外啟用底下這個選項：

- 在 **KGDB: Kernel hacking | kernel debugger | KGDB_KDB: include kdb frontend for kgdb** 選單中的 CONFIG_KGDB_KDB 項目。

現在當你強制讓內核進入暫停狀態時，就不會是進到 GDB 的除錯流程，而是在終端上看到 `kdb` 的指令列環境了：

```
# echo g > /proc/sysrq-trigger
[   42.971126] SysRq : DEBUG
Entering kdb (current=0xdf36c080, pid 83) due to Keyboard Entry
kdb>
```

在 `kdb` 當中能做的事情屈指可數。輸入 `help` 指令，就會顯示出所有可執行的選項，如下所列：

- **獲取資訊**
  » `ps`：顯示正在執行中的程序
  » `ps A`：顯示所有的程序

» lsmod：模組清單

» dmesg：顯示內核紀錄緩衝區（kernel log buffer）內容

- **中斷點操作**
  » bp：設定中斷點
  » bl：中斷點清單
  » bc：清除中斷點
  » bt：顯示回溯
  » go：繼續執行

- **檢視記憶體與暫存器內容**
  » md：顯示記憶體內容
  » rd：顯示暫存器內容

底下是一個設定中斷點的簡單示範：

```
kdb> bp sys_sync
Instruction(i) BP #0 at 0xc01304ec (sys_sync)
is enabled  addr at 00000000c01304ec, hardtype=0 installed=0
kdb> go
```

接著內核又會回到正常狀態，然後終端畫面上會顯示我們一般看到的 bash 指令提示字元。如果這時輸入 sync 指令，就會觸發中斷點再次進入 kdb 的環境：

```
Entering kdb (current=0xdf388a80, pid 88) due to Breakpoint
@0xc01304ec
```

kdb 不是原始碼層級的除錯器，所以沒辦法看到原始碼或是執行逐步推演。不過，你可以用 bt 指令來顯示回溯，這能幫助你了解程式的執行過程與函式呼叫的關係。

查看 oops 訊息

每當內核發生了不正常的記憶體存取，或是執行了不合法的指令時，就會在內核紀錄中寫進一則 **oops 訊息**。這些訊息當中最有用的就是回溯的資訊，筆者在此想說明如何使用這些資訊，來找出造成問題的程式碼所在。筆者還會介紹要如何在系統因崩壞而無法運作的時候，保存這些訊息的方法。

就以本書儲存庫 `MELP/Chapter19/mbx-driver-oops` 的訊息內容為例，這是一個郵件驅動程式（mailbox driver）所產生的 oops 訊息：

```
Unable to handle kernel NULL pointer dereference at virtual
address 00000004
pgd = dd064000
[00000004] *pgd=9e58a831, *pte=00000000, *pppte=00000000
Internal error: Oops: 817 [#1] PREEMPT ARM
Modules linked in: mbx(O)
CPU: 0 PID: 408 Comm: sh Tainted: G O 4.8.12-yocto-standard #1
Hardware name: Generic AM33XX (Flattened Device Tree)
task: dd2a6a00 task.stack: de596000
PC is at mbx_write+0x24/0xbc [mbx]
LR is at __vfs_write+0x28/0x48
pc : [<bf0000f0>] lr : [<c024ff40>] psr: 800e0013
sp : de597f18 ip : de597f38 fp : de597f34
r10: 00000000 r9 : de596000 r8 : 00000000
r7 : de597f80 r6 : 000fda00 r5 : 00000002 r4 : 00000000
r3 : de597f80 r2 : 00000002 r1 : 000fda00 r0 : de49ee40
Flags: Nzcv IRQs on FIQs on Mode SVC_32 ISA ARM Segment none
Control: 10c5387d Table: 9d064019 DAC: 00000051
Process sh (pid: 408, stack limit = 0xde596210)
```

光是 `PC is at mbx_write+0x24/0xbc [mbx]` 這一則訊息，就能夠告訴我們大部分需要的資訊了：最後一道執行到的指令，是在名為 `mbx` 的內核模組裡面的 `mbx_write` 這個函式中。而進一步的資訊，是在從函式開頭開始 `0x24` 個位元組偏移量的程式碼，該行程式碼有 `0xbc` 位元組這麼長。

接著，讓我們看看回溯的內容：

```
Stack: (0xde597f18 to 0xde598000)
7f00:                            bf0000cc 00000002
7f20: 000fda00 de597f80 de597f4c de597f38 c024ff40 bf0000d8 de49ee40
00000002
7f40: de597f7c de597f50 c0250c40 c024ff24 c026eb04 c026ea70 de49ee40
de49ee40
7f60: 000fda00 00000002 c0107908 de596000 de597fa4 de597f80 c025187c
c0250b80
7f80: 00000000 00000000 00000002 000fda00 b6eecd60 00000004 00000000
de597fa8
```

```
7fa0: c0107700 c0251838 00000002 000fda00 00000001 000fda00 00000002
00000000
7fc0: 00000002 000fda00 b6eecd60 00000004 00000002 00000002 000ce80c
00000000
7fe0: 00000000 bef77944 b6e1afbc b6e73d00 600e0010 00000001 d3bbdad3
d54367bf
[<bf0000f0>] (mbx_write [mbx]) from [<c024ff40>] (__vfs_
write+0x28/0x48)
[<c024ff40>] (__vfs_write) from [<c0250c40>] (vfs_write+0xcc/0x158)
[<c0250c40>] (vfs_write) from [<c025187c>] (SyS_write+0x50/0x88)
[<c025187c>] (SyS_write) from [<c0107700>] (ret_fast_syscall+0x0/0x3c)
Code: e590407c e3520b01 23a02b01 e1a05002 (e5842004)
---[ end trace edcc51b432f0ce7d ]---
```

在上面這個例子中，我們看不出什麼端倪，只能知道 mbx_write 這個函式是被虛擬檔案系統的程式碼所呼叫的。

要是能找出 mbx_write+0x24 這行的程式碼內容就好了，這時可以利用 GDB 的 disassemble 指令，加上 /s 參數，就可以同時看到組合語言（assembler code）與原始碼內容。就以此範例而言，程式碼是位於 mbx.ko 模組中，因此只要載入到 gdb：

```
$ arm-poky-linux-gnueabi-gdb mbx.ko
[...]
(gdb) disassemble /s mbx_write
Dump of assembler code for function mbx_write:
99 {
0x000000f0 <+0>: mov r12, sp
0x000000f4 <+4>: push {r4, r5, r6, r7, r11, r12, lr, pc}
0x000000f8 <+8>: sub r11, r12, #4
0x000000fc <+12>: push {lr} ; (str lr, [sp, #-4]!)
0x00000100 <+16>: bl 0x100 <mbx_write+16>
100 struct mbx_data *m = (struct mbx_data *)file->private_data;
0x00000104 <+20>: ldr r4, [r0, #124] ; 0x7c
0x00000108 <+24>: cmp r2, #1024 ; 0x400
0x0000010c <+28>: movcs r2, #1024 ; 0x400
101 if (length > MBX_LEN)
102 length = MBX_LEN;
103 m->mbx_len = length;
0x00000110 <+32>: mov r5, r2
0x00000114 <+36>: str r2, [r4, #4]
```

這樣就能找出 oops 訊息中所說的 mbx_write+0x24 是在哪一行程式停止了。透過反組譯（disassembly）後的內容，你可以看到 mbx_write 的開頭在 0xf0 的位址，往後推 0x24 的話就是 0x114，也就是第 103 行的程式碼：

> **Note**
>
> 可能會有讀者在想，是不是搞錯了，因為 0x114 的內容明明就寫著 0x00000114 <+36>: str r2, [r4, #4]，應該是要找 +24 的內容、不是 +36 的內容才對吧？其實是 GDB 的開發者和我們之間的小小誤會：這邊顯示的數值是十進位、而非十六進位，所以 36 就是 0x24 的意思，我們沒有搞錯啦！

在第 100 行的地方，你可以看到變數 m 的型態是 struct mbx_data *。而這個資料結構的定義是：

```
#define MBX_LEN 1024
struct mbx_data {
    char mbx[MBX_LEN];
    int mbx_len;
};
```

因此，看起來變數 m 是一個空指標（null pointer），也因此導致了 oops 訊息的產生。繼續找出變數 m 初始化的地方，就可以發現似乎少了一行程式碼。於是稍微修改一下驅動程式、正確地將指標初始化之後，就能正常地運作，不再有 oops 訊息了：

```
static int mbx_open(struct inode *inode, struct file *file)
{
    if (MINOR(inode->i_rdev) >= NUM_MAILBOXES) {
        printk("Invalid mbx minor number\n");
        return -ENODEV;
    }
    file->private_data = &mailboxes[MINOR(inode->i_rdev)];
    return 0;
}
```

但也不是都能這麼順利地找出所有 oops 訊息的原因，尤其是當它發生在「內核紀錄緩衝區的內容」顯示之前。

保存 oops 訊息

要解讀 oops 訊息的前提，就是你要能夠先拿得到這份訊息。如果在終端都還沒能使用之前，系統就在啟動或是關機的過程中發生崩壞，那就看不到這些訊息了。一般會想到的方法是，把 oops 訊息紀錄到一個 MTD 分割區或是非揮發性記憶體當中，但其實還有一個更簡單、沒有太多前提限制、且適用於許多情況下的方法。

只要在重新啟動時沒有污損到記憶體的內容（通常也不會），你就可以在重新啟動時進入啟動載入器，並利用啟動載入器來查看記憶體內容。你只需要知道內核紀錄緩衝區的位址，然後記得，這只是一個存放純文字訊息「單純的循環緩衝區」（a simple ring buffer）。內核的這個緩衝區代號是 __log_buf，可以在 System.map 中查找：

```
$ grep __log_buf System.map
c0f72428 b __log_buf
```

然後再把內核的邏輯位址（logical address），映射到 U-Boot 能使用的實體記憶體位址（physical address）上面去。首先，要把位址減去 PAGE_OFFSET，然後再加上實體記憶體的起始位址。就以 BeagleBone 為例，首先減去 0xc0000000，然後再加上 0x80000000。所以 c0f72428 - 0xc0000000 + 0x80000000 = 80f72428。

接著，就能夠用 U-Boot 的 md 指令來顯示出紀錄內容：

```
U-Boot# md 80f72428
80f72428: 00000000 00000000 00210034 c6000000 ........4.!.....
80f72438: 746f6f42 20676e69 756e694c 6e6f7820 Booting Linux on
80f72448: 79687020 61636973 5043206c 78302055  physical CPU 0x
80f72458: 00000030 00000000 00000000 00730084 0............s.
80f72468: a6000000 756e694c 65766278 6f697372 ....Linux versio
80f72478: 2e34206e 30312e31 68632820 40736972 n 4.1.10 (chris@
80f72488: 6c697562 29726564 63672820 65762063 builder) (gcc ve
80f72498: 6f697372 2e34206e 20312e39 6f726328 rsion 4.9.1 (cro
80f724a8: 6f747373 4e2d6c6f 2e312047 302e3032 sstool-NG 1.20.0
80f724b8: 20292029 53203123 5720504d 4f206465 ) ) #1 SMP Wed O
80f724c8: 32207463 37312038 3a31353a 47203533 ct 28 17:51:53 G
```

> **Note**
>
> 從 Linux 3.5 版本之後，在內核紀錄緩衝區中每一行訊息的開頭，都會加上一組 16 位元組長度編碼過的標頭，標頭中的內容是時間戳記、紀錄的層級與其他資訊。在 Linux Weekly News 上有一篇標題為「Toward more reliable logging」的討論串可供參考：`https://lwn.net/Articles/492125/`。

在本節的討論中，我們探討如何利用 `kgdb`，在原始碼層級上對內核進行除錯。然後，我們介紹在 `kdb` 中設定中斷點及顯示回溯內容的方法。最後，我們也學會如何利用 `dmesg` 或是透過 U-Boot 指令，來讀取內核的 oops 訊息。

小結

在嵌入式開發者的工具箱當中，GDB 是個非常好用的互動式除錯器。這項知名的工具穩定而且擁有完善的說明文件。只要在目標環境上安裝一個代理程式（agent）後，就能以遠端的方式進行除錯。要對應用程式除錯就安裝 `gdbserver`，而要對內核除錯就使用 `kgdb`。雖然你可能需要點時間習慣預設的指令列使用者介面，但還是有許多可供替代的前端操作介面。在此我們介紹了其中三者：TUI、DDD 與 Visual Studio Code。至於 Eclipse，它在安裝了額外的 CDT 外掛（plugin）後，也能支援 GDB 的除錯作業。各位讀者可以參考**「延伸閱讀」小節**，了解如何在跨平台工具鏈中設定 CDT 並連線到遠端裝置。

另外一個對除錯同等重要的事項是收集並在線下分析崩壞報告（crash report）。在這部分中，我們查看了應用程式的記憶檔，以及內核的 oops 訊息。

不過，要真正找出程式中到底有什麼缺陷，就只能用一種方法。在下一個章節中，筆者會說明要分析與最佳化程式時，如何進行剖析與追蹤。

延伸閱讀

如果讀者想要了解更多，可以參考以下資源：

- 《*The Art of Debugging with GDB, DDD, and Eclipse*》，Norman Matloff 與 Peter Jay Salzman 合著
- 《*GDB Pocket Reference*》，Arnold Robbins 著
- crazyguitar 的「Python Interpreter in GNU Debugger」：
  `https://www.pythonsheets.com/appendix/python-gdb.html`
- Lisa Roach 的「Extending GDB with Python」：
  `https://www.youtube.com/watch?v=xt9v5t4_zvE`
- Enes ÖZTÜRK 的「Cross-compiling with CMake and VS Code」：
  `https://enes-ozturk.medium.com/cross-compiling-with-cmake-and-vscode-9ca4976fdd1`
- Enes ÖZTÜRK 的「Remote Debugging with GDB」：`https://enes-ozturk.medium.com/remote-debugging-with-gdb-b4b0ca45b8c1`
- 「Getting to grips with Eclipse: cross compiling」：
  `http://2net.co.uk/tutorial/eclipse-cross-compile`
- 「Getting to grips with Eclipse: remote access and debugging」：
  `http://2net.co.uk/tutorial/eclipse-rse`

20
剖析與追蹤

如同在前章所述的，透過原始碼層級的除錯器進行互動式除錯，可以讓你探索程式運行背後的原理，但是這種方式也同時把視野侷限在一小段的程式碼當中。所以在本章中，我們將從更高的視野來觀看全局，判斷系統是否真如我們所預期的運行著。

大家都知道，不論是程式開發者還是系統設計師，向來都不擅長於避開那些會造成效能瓶頸的問題。所以要是你的系統遇到了效能問題，就要巧妙地運用一些較複雜的工具，從觀察系統整體面開始，再逐漸往細部追查。在本章中，為了能查看概觀，筆者會從著名的 top 指令開始介紹。由於這些問題的來源往往都能歸咎於某支特定的程式，所以這時你可以用 Linux 的剖析工具（profiler）perf 來進行分析，即使這個問題的源頭不在特定的範圍內，perf 還是能從廣泛面上提供你一個概觀。我們還會介紹 Ftrace、LTTng 與 BPF 這幾款追蹤工具（trace tool），以便在診斷與內核相關問題時能收集詳細的資訊。

筆者還會介紹 Valgrind，因為只要利用它的沙盒執行環境（sandboxed execution environment），就可以一邊在程式運行時，一邊進行監控並回報。本章的最後我們會介紹一款簡易的追蹤工具 strace，這款工具能夠透過追蹤系統呼叫，查看程式的執行情形。

在本章節中，我們將帶領各位讀者一起了解：

- 觀測者效應
- 開始剖析
- 用 `top` 進行剖析
- 簡陋的剖析工具（土砲剖析法）
- 用 `perf` 進行剖析
- 追蹤事件
- FTrace
- LTTng
- BPF
- Valgrind
- `strace`

環境準備

執行本章節中的範例時，請讀者先準備如下環境：

- 以 Linux 為主系統的開發環境
- Buildroot 2020.02.9 長期維護版本
- Linux 版 USB 開機碟製作工具 Etcher
- 一張可供讀寫的 microSD 卡與讀卡機
- Raspberry Pi 4 機板
- 一條 5V、3A 的 USB Type-C 電源供應線
- 一條乙太網路線，以及開通網路連線所需的防火牆連接埠

如果讀者已經完成「**第 6 章，選擇組建系統**」的閱讀與練習，應該已經下載並安裝好 Buildroot 2020.02.9 長期維護版本了。如果讀者尚未下載安裝，請先參考「The Buildroot User Manual」中的「System requirements」小節（`https://buildroot.org/downloads/manual/manual.html`），以及根據「**第 6 章**」當中的指引，在開發環境上安裝 Buildroot。

此外，讀者可以在本書 GitHub 儲存庫的 `Chapter20` 資料夾下找到本章的所有程式碼：
`https://github.com/PacktPublishing/Mastering-Embedded-Linux-Programming-Third-Edition`。

觀測者效應

在開始介紹工具之前，先談談這些工具到底是要用來做什麼的。如同在其他學術領域中都會看到的現象，當你針對特定性質進行量測時，量測（measuring）這個動作本身，其實就會同時影響到被觀察的對象。比方說，要測定一條電線中流經的電流，就要讓電力流過一個小電阻，以此來測量電壓；然而，流經電阻這件事情本身就會對電流造成影響。而在系統剖析上也是一樣的，所有對系統的觀察行為都需要耗費處理器的運算作為成本，而且耗去的成本是無法回饋到應用程式身上的。此外，這些量測用的工具也會打亂快取行為、佔用記憶體空間、對磁碟進行寫入，以上這些總總都只會讓情況變得更糟。因此，天底下沒有毫無代價的測量。

筆者常聽說有工程師抱怨自己被剖析的結果所誤導，這往往是因為他們只以「接近」實際情境的模擬環境進行量測。一定要試著直接在目標環境上進行量測，使用正式發佈版本的軟體與合理的參數設定，並在環境上盡可能少量地運行額外功能。

正式發佈版本（release build）往往意味著完全最佳化且不包含除錯符號的軟體，然而，這樣的正式版本軟體卻會限制多數剖析工具（profiling tool）的功能。

符號表與編譯器的參數

問題的發生總是突如其來。雖然在系統的原始狀態下進行觀察也很重要，但工具往往需要額外的資訊，才能判斷這些事件的發生。

像是有些工具需要特別修改內核中的選項（尤其是我們這邊會介紹到的工具，如perf、Ftrace、LTTng、BPF）。因此，你會需要為了這些測試，而去組建及部署一個新的內核。

要把原始的程式位址翻譯為函式名稱與程式碼段落的時候，則是會需要用到除錯符號。雖然以含有除錯符號的可執行檔進行部署，並不會改變程式碼運作的情形，但這會在你手上多一份程式的複本，並且需要以 `debug` 參數編譯內核，裡面至少要含有你想要

進行剖析的元件對象。而一些像是 perf 這類的工具，要是能直接安裝在目標環境上會更好。進行這些準備所需的技術和一般進行除錯的準備相同，如同在「**第 19 章，以 GDB 除錯**」中介紹的內容。

要是你需要以工具來產生呼叫路徑圖，那麼就會需要在啟用堆疊框的情況下編譯。要是你需要以工具來精確定位程式碼的位址，那麼就會需要在較低最佳化層級的情況下編譯。

最後，部分工具需要在程式中安插語法，以便進行取樣，所以你需要重新編譯這些元件。這部分主要發生在以內核為對象的 Ftrace 與 LTTng 上。

但要注意的是，越是對作為觀察對象的系統進行變更，得到的量測結果就越是會偏離「線上系統」實際遇到的情形。

Tip

此處最好是採取一種被動的態勢，只有在真正確定必要時才進行變更，並且謹記在心，每一次進行的變更，都將會影響量測的結果。

正因為剖析的結果會因情況而不穩定，所以最好是能夠從較簡易的工具開始，然後再逐步轉換到更複雜、功能更齊全的工具。

開始剖析

當要觀察系統整體時，可以從像 top 這類單純的工具開始著手，這工具能夠非常迅速地讓我們了解概觀，並能告知我們現在有多少記憶體被佔用，哪些程序正在使用處理器的運算資源，以及運算的佔用量在不同處理器核心上分佈情形，還有隨時間產生的變化。

若 top 顯示的結果是在用戶空間有個單一應用程式佔用掉所有處理器的資源，那麼下一步我們就能用 perf 針對這個應用程式進行剖析。

如果有兩個或更多的程序顯示出較高處理器使用量，那麼可能是會一口氣牽扯到這些程序的共通問題，如資料交換之類的。如果有大量的處理器運算資源被耗用在進行系統呼

叫或是處理中斷訊號上,那麼問題就可能和內核設定或是裝置驅動程式有關。而不論是以上哪種情形,你都需要以整個系統為對象進行剖析,當然,還是用 perf。

要是你想找出更多關於內核及事件發生的順序等資訊,可以使用 Ftrace、LTTng 或者是 BPF。

當然也可能會有 top 幫不上忙的問題發生。如果是多執行緒的程式,並且遇到關於資源鎖的問題時,或是有不知何處的資料被污損時,這時使用 Valgrind 並加上 Helgrind 外掛程式可能有所幫助。這種方式也適用於記憶體洩漏的問題,我們在「**第 18 章,記憶體管理**」中曾介紹過記憶體相關的診斷。

在討論更複雜的剖析工具之前,首先讓我們從大多數系統上都具備的、可以直接運用到正式環境上的、最單純的工具開始著手。

用 top 進行剖析

由於不需要特殊內核選項或是符號表的緣故,**top** 可說是相當簡易的工具。在 BusyBox 當中有提供基礎功能的版本,而在 Yocto Project 與 Buildroot 的 procps 套件中的版本功能更多。你還可以考慮改用 htop,功能面上與 top 相去不遠,但使用者介面更加完善(這部分看法則因人而異)。

首先,我們來看看 top 結果當中的概要資訊,如果你是使用 BusyBox 版本,該資訊位在第二行;而如果是使用 procps 的版本,則是位在第三行。底下是以 BusyBox 版本 top 所產出的範例:

```
Mem: 57044K used, 446172K free, 40K shrd, 3352K buff, 34452K cached
CPU:  58% usr   4% sys   0% nic   0% idle  37% io   0% irq   0% sirq
Load average: 0.24 0.06 0.02 2/51 105
  PID  PPID USER     STAT    VSZ %VSZ %CPU COMMAND
  105   104 root     R     27912   6%  61% ffmpeg -i track2.wav
  [...]
```

這行概要資訊顯示出處理器在各種不同情境下所花費的時間比例，情境名稱所代表的意思如下表所示：

procps 版本	BusyBox 版本	說明
us	usr	以預設友好值執行的用戶空間程式
sy	sys	內核程式
ni	nic	以非預設友好值執行的用戶空間程式
id	idle	空閒
wa	io	等待輸出入
hi	irq	硬體中斷訊號
si	sirq	軟體中斷訊號
st	--	潛沉時間：有關虛擬環境時才有意義的數據

在前面的範例中，幾乎所有時間（58%）都被花在 usr 情境上，還有一小部分（4%）是在 sys 情境上，所以這是一個在用戶空間中對處理器運算較吃重的系統。在概要之後的第一行資訊，則顯示出這個問題只來自於一個應用程式，也就是 ffmpeg；要是想降低對處理器的使用需求，就應該從此著手。

底下是另外一則範例：

```
Mem: 13128K used, 490088K free, 40K shrd, 0K buff, 2788K cached
CPU:   0% usr  99% sys   0% nic   0% idle   0% io   0% irq   0% sirq
Load average: 0.41 0.11 0.04 2/46 97
  PID  PPID USER     STAT   VSZ %VSZ %CPU COMMAND
   92    82 root     R     2152   0% 100% cat /dev/urandom
 [...]
```

由於 cat 要讀取 /dev/urandom 的緣故，這個系統幾乎把所有時間（99% 的 sys）都花在內核空間上了。在這個特意設計出來的情境中，對 cat 進行剖析並沒有幫助，而是需要對 cat 所呼叫的內核函式進行剖析。

預設上 top 只會顯示出程序的資訊，所以處理器的使用量是程序中所有執行緒的使用量總和。按下 H 鍵就能看到每條執行緒的資訊；同樣地，這邊的時間資訊也是所有處理器數據的總和。如果讀者使用的是 procps 套件版本的 top，就可以按下 1 鍵來分別查看每顆處理器上的概要。

在用 top 找出問題點所在的程序後，就可以接著運用 GDB 來找出問題成因了。

簡陋的剖析工具

透過運用 **GDB** 可以在隨意的時間區間將應用程式停下來，並觀察行為、進行剖析，這種剖析方式就是一種**簡陋的剖析工具（poor man's profiler，土砲剖析法）**。設定上簡單，而且收集剖析資料的方式也就這麼一招打天下而已。

過程就如同底下所述一樣單純：

1. 以 gdbserver（遠端除錯時）或是 gdb（直接就地除錯時）附上程序。將程序暫停。
2. 觀察停下時所處的函式。你可以用 backtrace 這個 GDB 指令來查看函式呼叫堆疊。
3. 輸入 continue，以讓程式繼續執行。
4. 一段時間後，按下 Ctrl + C 再次停下程式，然後回到上面「步驟 2」。

重複「步驟 2」到「步驟 4」數次之後，你很快就能知道程式是否陷入迴圈，或是有持續往前執行；而如果你重複這些步驟夠多次的話，你還能知道程式中最常被執行到的是哪一行。

在 http://poormansprofiler.org 這整個網站上，都詳細地描述了這類概念，並提供指令檔讓這項工作輕鬆一些。在許多不同的作業系統及除錯器搭配下，筆者都使用過這種技巧，並已操作許多年了。

這是一種**統計式剖析（statistical profiling）**的範例，在一定的期間內對程式狀態做取樣。在進行數次的取樣之後，你就會開始知道大概都是哪些函式會被執行到。很驚訝只要這樣就可以辦到嗎？其他同樣可以進行統計式剖析的工具有 perf record、OProfile 與 gprof。

但是使用除錯器來進行取樣，其實是一種侵入性的行為，因為當你在收集取樣資料時，程式會停下來很長一段時間。而其他工具（如 perf）則可以在大幅降低這項副作用的情況下，做到同樣的事情。

用 perf 進行剖析

perf 的全稱是 Linux **效能事件計數器子系統**（**performance event counter subsystem**），也就是 `perf_events` 的縮寫，同時也是在指令列中用來和 `perf_events` 互動時使用的指令名稱。這兩者都是從 Linux 版本 2.6.31 之後加入內核當中的。在 Linux 原始碼資料中的 `tools/perf/Documentation` 底下，以及在 `https://perf.wiki.kernel.org` 上，都有大量可供參考的資料。

起初開發 `perf` 的動機是在於要提供一個統一介面，以便存取**效能量測元件**（**PMU，performance measurement unit**）的暫存器，這個元件在現今大多數的處理器核心上都有配備。不過當規定好 API 介面並整合到 Linux 之後，便順理成章地擴展到其他類型的效能統計工作上了。

回到根本上來說，`perf` 其實就是事件計數器的集合體，並以規則定義這些計數器要在何時主動收集資料。你可以從整個系統廣泛收集資料，但透過規則設定，也可以只從內核、或是對單一程序及其子程序收集資料；資料的來源也可以是所有的處理器數據、或是只對單一處理器收集數據而已。簡而言之，十分彈性。只要這一個工具在手，就可以一路從整個系統的概觀看起，然後再針對可疑之處仔細檢視，例如：疑似導致問題的裝置驅動程式，或是執行過慢的應用程式，或是執行所需時間長到超出你預期的函式庫函式等。

指令列工具 `perf` 的程式碼已包含在內核當中，就在 `tools/perf` 目錄底下。由於這份工具與內核中的子系統是共同開發出來的，因此這兩者必須要是來自於同一版本的內核才行。`perf` 的功用很多，在本章節中筆者只會探討其作為剖析工具的一面。如果想要了解其他的功能，請閱讀 `perf` 的手冊頁，並參考在前面提到的說明文件。

但要運用 `perf` 進行剖析，除了要準備除錯符號之外，還需要先對內核進行兩項設定。

設定內核以使用 perf

你需要設定內核，以便使用 `perf_events`，而且還要以跨平台的方式編譯 `perf` 指令，然後再執行在目標環境上。對應的內核設定選項是 **General setup | Kernel Performance Events And Counters** 選單中的 `CONFIG_PERF_EVENTS`。

如果你想在剖析時使用追蹤點功能（tracepoint，這個稍後才會提到），記得同時要啟用在「**Ftrace**」小節中提到的設定選項。在啟用這些之後，建議可以的話順便也啟用 CONFIG_DEBUG_INFO。

由於 perf 指令的依賴關係頗多，因此在進行跨平台編譯時會有些麻煩。還好，在 Yocto Project 與 Buildroot 當中都已經備妥所需的這些套件了。

此外，針對要進行剖析的對象來說，perf 需要在目標環境上備妥這些對象的除錯符號，以便將位址解譯為可讀的符碼。甚至最好是能夠備妥整個系統，包含內核在內的除錯符號。以後者的內核來說，要記得除錯符號是在 vmlinux 檔案裡面。

以 Yocto Project 組建 perf

如果你使用的是標準 linux-yocto 內核，那麼 perf_events 就已經啟用了，因此沒什麼需要處理的。

而要組建 perf 工具的話，你可以將其編寫加進目標映像檔的組建依賴關係中，或是直接在額外功能中加入 tools-profile，這也會同時帶入 gprof 工具。如同前面提到的，你會需要在目標映像檔與內核的 vmlinux 映像檔中加入除錯符號。因此，總結來說，底下就是你需要在 conf/local.conf 中做出的更動：

```
EXTRA_IMAGE_FEATURES = "debug-tweaks dbg-pkgs tools-profile"
IMAGE_INSTALL_append = "kernel-vmlinux"
```

至於要以 Buildroot 組建含有 perf 的映像檔，根據作為參考來源的「預設內核設定」不同，要修改的項目也不同。

以 Buildroot 組建 perf

許多 Buildroot 的內核設定都沒有 perf_events 這一項，所以第一步是要先確認你的內核當中是否有前面提及的這些選項。

要跨平台編譯 perf 工具的話，需要執行 Buildroot 的 menuconfig，然後選擇以下選項：

- 在 **Kernel | Linux Kernel Tools** 選單中的 BR2_LINUX_KERNEL_TOOL_PERF。

如果要在組建套件時納入除錯符號，並在不被去除（unstripped）的情況下安裝到目標環境上，還需要啟用以下這兩項設定：

- 在 **Build options | build packages with debugging symbols** 選單中的 BR2_ENABLE_DEBUG。
- 將在 **Build options | strip command for binaries on target** 選單中的 BR2_STRIP 設定為 none。

執行 make clean 指令，接著再執行 make 指令。

當你組建好所有東西後，再手動把 vmlinux 複製到目標映像檔裡面去。

用 perf 進行剖析

你可以用 perf 裡其中一個事件計數器來對程式的狀態進行取樣，並且在經過一段時間的重複取樣之後，建立出一份剖析報告，這就是另外一種形式的統計式剖析。預設使用的是 cycles（呼叫週期）事件計數器，這是個常見的硬體計數器，其中的數據則是來自於 PMU 暫存器，數據代表的意義是處理器核心的時脈週期數。

以 perf 建立剖析有兩個步驟：首先以 perf record 指令擷取數據取樣，然後將結果寫到一個預設名稱為 perf.data 的檔案中；接著再以 perf report 分析結果。這兩個指令都要在目標環境上執行。根據你指令中指定的內容不同，這份取樣的數據收集來源可以限定在某個程序及其子程序上。底下是一個針對 shell 指令檔進行剖析的範例（這個 shell 指令檔會搜尋 linux 字串）：

```
# perf record sh -c "find /usr/share | xargs grep linux > /dev/null"
[ perf record: Woken up 2 times to write data ]
[ perf record: Captured and wrote 0.368 MB perf.data (~16057 samples)
]
# ls -l perf.data
-rw-------    1 root      root       387360 Aug 25  2015 perf.data
```

現在就可以用 perf report 指令來顯示 perf.data 的結果內容了。透過指令列你可以選擇以下三種使用者介面其一：

- --stdio：沒有提供使用者互動的純文字介面。需要以 perf report 與 perf annotate 指令一一指定每個追蹤概覽，以便查看。
- --tui：以純文字方式簡單提供了選單介面的選項，以整個螢幕為單位更新畫面。
- --gtk：圖形化的介面，但操作方式上與 --tui 選項相去無幾。

預設上是使用 TUI，如下圖所示：

```
Samples: 9K of event 'cycles', Event count (approx.): 2006177260
 11.29%    grep  libc-2.20.so        [.] re_search_internal
  8.80%    grep  busybox.nosuid      [.] bb_get_chunk_from_file
  5.55%    grep  libc-2.20.so        [.] _int_malloc
  5.40%    grep  libc-2.20.so        [.] _int_free
  3.74%    grep  libc-2.20.so        [.] realloc
  2.59%    grep  libc-2.20.so        [.] malloc
  2.51%    grep  libc-2.20.so        [.] regexec@@GLIBC_2.4
  1.64%    grep  busybox.nosuid      [.] grep_file
  1.57%    grep  libc-2.20.so        [.] malloc_consolidate
  1.33%    grep  libc-2.20.so        [.] strlen
  1.33%    grep  libc-2.20.so        [.] memset
  1.26%    grep  [kernel.kallsyms]   [k] __copy_to_user_std
  1.20%    grep  libc-2.20.so        [.] free
  1.10%    grep  libc-2.20.so        [.] _int_realloc
  0.95%    grep  libc-2.20.so        [.] re_string_reconstruct
  0.79%    grep  busybox.nosuid      [.] xrealloc
  0.75%    grep  [kernel.kallsyms]   [k] __do_softirq
  0.72%    grep  [kernel.kallsyms]   [k] preempt_count_sub
  0.68%    find  [kernel.kallsyms]   [k] __do_softirq
  0.53%    grep  [kernel.kallsyms]   [k] __dev_queue_xmit
  0.52%    grep  [kernel.kallsyms]   [k] preempt_count_add
  0.47%    grep  [kernel.kallsyms]   [k] finish_task_switch.isra.85
Press '?' for help on key bindings
```

圖 20.1：perf 的 TUI 介面

由於 perf 是在內核空間中進行取樣，因此也可以隨著程序紀錄下被呼叫到的內核函式。

清單內容的顯示排序依據，是最常被執行到的函式顯示在最前頭。在這個範例當中，除了一個之外，其他擷取下來的都是與 grep 指令執行相關。某些是進到了 libc-2.20 這個函式庫當中，某些是執行到了 busybox.nosuid 這支程式，某些則是在內核中。由於我們事先將除錯資訊納入安裝於目標環境的元件裡，因此這邊可以顯示出程式與函式庫函式的符號名稱；至於內核符號則是來自於 /boot/vmlinux。要是讀者的 vmlinux 是放在不同的位置，在執行 perf report 指令時，加上 -k ＜路徑＞參數即可。取樣結果除了可以存放在 perf.data 之外，你也可以使用 perf record -o ＜檔案名稱＞的方式，寫到另一個檔案去，然後再用 perf report -i ＜檔案名稱＞進行分析。

預設上，`perf record` 會使用 `cycles`（週期）計數器，並以 1,000Hz 頻率進行取樣。

Tip

根據情況不同，你所要的取樣頻率可能不會到 1,000Hz 這麼高，而且這麼高的頻率也可能成為導致觀測者效應的原因。試著降低頻率吧！以筆者個人的經驗來說，100Hz 其實就足以應付大多數的需求。透過 `-F` 參數可以設定取樣要用的頻率。

事情並不是就到此結束了。顯示在清單最上方的函式，通常大部分都是進行低階記憶體操作的函式，而這些函式基本上都可以確定已經過最佳化的洗禮。所幸 `perf record` 可以協助我們順著呼叫堆疊往上爬梳，找出呼叫這些函式的來源。

呼叫路徑圖

讓我們進一步來看看這些函式的上下文，究竟是什麼情況。你可以在 `perf record` 指令加上 `-g` 參數，從每個取樣中擷取出回溯資料。

現在，當函式是處於呼叫路徑上的一環時，`perf report` 就會在前面顯示出一個加號（+）的字樣。你可以展開追蹤資料，沿著這條呼叫路徑順藤摸瓜看看有哪些函式。

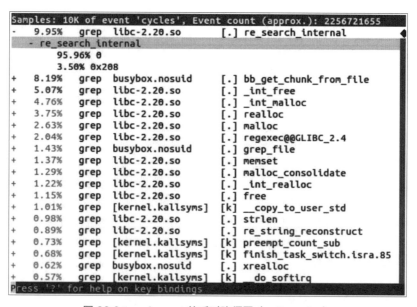

圖 20.2：perf report 的呼叫路徑圖（call graphs）

> **Note**
>
> 如同在 GDB 中產生回溯一樣，這邊要產生出呼叫路徑圖，也需要從堆疊框中提取呼叫資訊。要解開堆疊框內的資料所需的資訊，已被編碼在可執行檔內的除錯資訊中，但並不是所有架構與工具鏈的搭配都能這樣做。

回溯資料的確很棒，但是這些函式的組合語言，或者更好的是原始碼，在哪裡呢？

使用 perf annotate

在你知道應該要關注哪個函式之後，現在是時候跳進來看看程式碼，並查看每行程式碼被執行到的次數了。而這就是 perf annotate 的功用，其背後的原理是呼叫被安裝在目標環境上 objdump 複本的功能。你只需要把 perf report 指令改為 perf annotate 執行即可。

perf annotate 需要對象可執行檔與 vmlinux 的符號表。這是一份展開函式的範例：

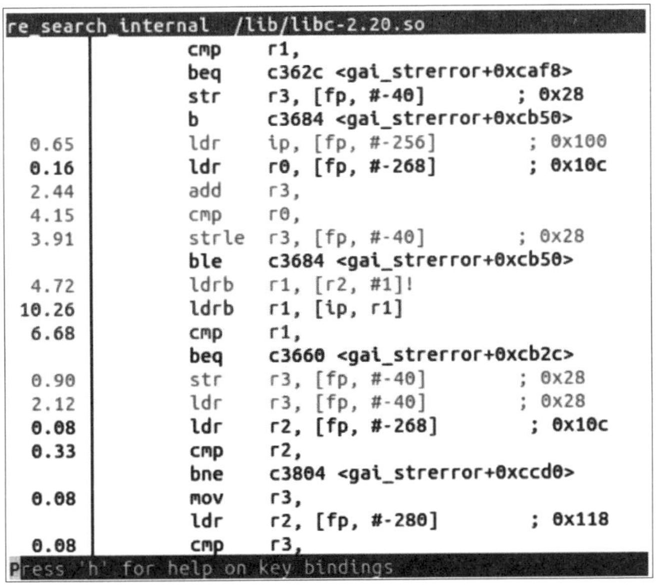

圖 20.3：perf annotate 介面中顯示的組合語言

要是想將「原始碼」與「組合語言程式碼」兩相對照的話，可以把相對應部分的程式碼複製到目標環境上。如果是使用 Yocto Project，並以額外映像檔功能的 dbg-pkgs 參

數組建；或是單獨以 -dbg 參數安裝套件的話，那麼原始碼應該就會安裝在 /usr/src/debug 目錄底下。否則就要查看除錯資訊，才能知道原始碼的位置了：

```
$ arm-buildroot-linux-gnueabi-objdump --dwarf lib/libc-2.19.so | grep
DW_AT_comp_dir
<3f> DW_AT_comp_dir : /home/chris/buildroot/output/build/hostgcc-
initial-4.8.3/build/arm-buildroot-linux-gnueabi/libgcc
```

在目標環境上的路徑應該會和你從 DW_AT_comp_dir 中看到的路徑一致。

底下就是「原始碼」（source code）與「組合語言程式碼」（assembler code）兩相交互對照的範例：

```
re_search_internal   /lib/libc-2.20.so
                                   ++match_first;
                                   goto forward_match_found_start_or_reached_end;

                                 case 6:
                                   /* Fastmap without translation, match forward.  */
                                   while (BE (match_first < right_lim, 1)
       4.15              cmp    r0,
       3.91              strle  r3, [fp, #-40]        ; 0x28
                         ble    c3684 <gai_strerror+0xcb50>
                                      && !fastmap[(unsigned char) string[match_first]])
       4.72              ldrb   r1, [r2, #1]!
      10.26              ldrb   r1, [ip, r1]
       6.68              cmp    r1,
                         beq    c3660 <gai_strerror+0xcb2c>
       0.90              str    r3, [fp, #-40]        ; 0x28
                                   ++match_first;

                                 forward_match_found_start_or_reached_end:
                                   if (BE (match_first == right_lim, 0))
       2.12              ldr    r3, [fp, #-40]        ; 0x28
       0.08              ldr    r2, [fp, #-268]       ; 0x10c
       0.33              cmp    r2,
Press 'h' for help on key bindings
```

圖 20.4：perf annotate 介面中顯示的原始碼

在上圖中我們可以看到，在 cmp r0 這一行的上面，以及在 str r3, [fp, #-40] 這一行的下面，都顯示了 C 語言的原始碼。

本書對 perf 的介紹就到此打住。雖然還有如 OProfile 或 gprof 等同樣是採取統計式取樣的剖析工具，不過近幾年來，這些工具已經淡出舞台，因此筆者在此選擇略過。接下來，就讓我們看看事件追蹤器（event tracer）。

追蹤事件

截至目前為止我們所看到的工具，都是用於進行統計式取樣（statistical sampling）。
但有時你會想要進一步知道事件發生的順序，這樣才能了解這當中的關聯。對函式的追
蹤，牽涉到需要在程式碼中間插入追蹤點的語法，以便擷取事件的資訊，以及下列部分
或全部的項目：

- 當下的時間戳記
- 基本資料，如目前的 PID 值
- 函式參數與回傳值
- 函式呼叫堆疊

比起統計式剖析來說，這種方式更具侵入性質，而且會一下子產生出大量的資料。後者
這一點可以在取樣或查看追蹤結果時，套用過濾條件來減輕問題。

這邊我們會介紹幾款追蹤工具，即內核函式的追蹤器（kernel function tracer）：
Ftrace、**LTTng** 與 **BPF**。

Ftrace

Ftrace 這款內核函式追蹤工具，是由 Steven Rostedt 等人所開發的專案發展而來，
當時開發的初衷是為了追查造成高延遲的問題原因。從 Linux 版本 2.6.27 之後 Ftrace
開始加入，此後便一直持續發展到如今；而在內核原始碼檔案中的 Documentation/
trace 底下，有一些介紹內核追蹤的文件可供參考。

Ftrace 由數個可記錄不同內核活動種類的追蹤元件組成，這邊我們會介紹 function 與
function_graph 這兩個追蹤器以及事件追蹤點。在「**第 21 章，即時系統開發**」中，
我們會再次提到 Ftrace，並用來追查即時策略下的延遲問題。

function 這個追蹤器會在所有內核函式中插入語法，這樣才能記錄下「呼叫」以及記
錄「當下的時間戳記」。有趣的是，它一樣需要以 -pg 參數來編譯內核，以便安插這些
語法。至於 function_graph 這個追蹤器，則會進一步紀錄「進入」與「離開」函式的
事件，這樣才能建立出呼叫路徑圖。而事件追蹤點功能（event tracepoints feature）
則會連「和呼叫有關的參數」都記錄下來。

Ftrace 的使用者介面相當適合嵌入式開發模式，因為整個機制完全是建立在 debugfs 這個檔案系統上的虛擬檔案，這代表著你無須事先在目標環境上安裝任何工具。不過如果你想要的話，還是有其他使用者介面可以選擇，如 trace-cmd 這個指令列工具可以記錄並查看追蹤結果，而且在 Buildroot（BR2_PACKAGE_TRACE_CMD）與 Yocto Project（trace-cmd）裡面都有提供。此外，在 Yocto Project 還有一個名為 **KernelShark** 的套件，可以提供圖形化的追蹤瀏覽介面。

與 perf 的使用相同，要使用 Ftrace 之前我們要先調整內核設定。

使用前的準備

Ftrace 及它的各種功能，都可以在內核設定選單中進行修改。但你至少會需要啟用底下這個設定：

- 在 **Kernel hacking | Tracers | Kernel Function Tracer** 選 單 中 的 CONFIG_FUNCTION_TRACER。

另外這邊也建議你啟用底下這些設定，原因後續會說明：

- 在 **Kernel hacking | Tracers | Kernel Function Graph Tracer** 選 單 中 的 CONFIG_FUNCTION_GRAPH_TRACER。
- 在 **Kernel hacking | Tracers | enable/disable function tracing dynamically** 選單中的 CONFIG_DYNAMIC_FTRACE。

由於整件事情都是和內核有關，因此不需要對用戶空間設定做出更動。

使用 Ftrace

在能夠使用 Ftrace 之前，你需要先把 debugfs 檔案系統掛載上去。一般來說，進到 /sys/kernel/debug 目錄底下，然後：

```
# mount -t debugfs none /sys/kernel/debug
```

所有對 Ftrace 的 控制 都 在 /sys/kernel/debug/tracing 目錄底下完成。就連在 README 檔案裡面的 HOWTO 說明都很簡短。

底下是在內核當中可以找到的追蹤器一覽：

```
# cat /sys/kernel/debug/tracing/available_tracers
blk function_graph function nop
```

作用中的追蹤器則會顯示在 current_tracer 裡面，預設上一開始會是一個空的追蹤器，也就是 nop。

要擷取追蹤紀錄的話，先從 available_tracers 當中選擇一個追蹤器，然後將名稱寫入 current_tracer，然後啟動追蹤一段時間，如下所示：

```
# echo function > /sys/kernel/debug/tracing/current_tracer
# echo 1 > /sys/kernel/debug/tracing/tracing_on
# sleep 1
# echo 0 > /sys/kernel/debug/tracing/tracing_on
```

在這短短的一秒內，追蹤器的緩衝區當中已經塞滿了各種被內核呼叫的函式資料。如同在 Documentation/trace/ftrace.txt 當中所述的，追蹤器緩衝區內容是以純文字格式呈現，你可以透過 trace 檔案讀取出緩衝區的內容：

```
# cat /sys/kernel/debug/tracing/trace
# tracer: function
#
# entries-in-buffer/entries-written: 40051/40051 #P:1
#
#                              _-----=> irqs-off
#                             / _----=> need-resched
#                            | / _---=> hardirq/softirq
#                            || / _--=> preempt-depth
#                            ||| /     delay
#           TASK-PID   CPU#  ||||    TIMESTAMP  FUNCTION
#              | |      |    ||||       |          |
            sh-361    [000] ...1   992.990646: mutex_unlock <-rb_
simple_write
            sh-361    [000] ...1   992.990658: __fsnotify_parent
<-vfs_write
            sh-361    [000] ...1   992.990661: fsnotify <-vfs_write
            sh-361    [000] ...1   992.990663: __srcu_read_lock
<-fsnotify
            sh-361    [000] ...1   992.990666: preempt_count_add <-__
```

```
srcu_read_lock
                sh-361     [000] ...2     992.990668: preempt_count_sub <-__
srcu_read_lock
                sh-361     [000] ...1     992.990670: __srcu_read_unlock
<-fsnotify
                sh-361     [000] ...1     992.990672: __sb_end_write <-vfs_
write
                sh-361     [000] ...1     992.990674: preempt_count_add <-__
sb_end_write
[...]
```

僅僅只此一秒鐘,你就能擷取到大量的資料了。

如同剖析時的情況一樣,光是這樣看函式清單很難看懂什麼端倪。如果你選擇的是
function_graph 追蹤器,那麼 Ftrace 的呼叫路徑圖就會變下面這樣:

```
# tracer: function_graph
#
# CPU   DURATION              FUNCTION CALLS
#  |      |     |             |     |     |     |
   0) + 63.167 us  |             } /* cpdma_ctlr_int_ctrl */
   0) + 73.417 us  |           } /* cpsw_intr_disable */
   0)              |           disable_irq_nosync() {
   0)              |             __disable_irq_nosync() {
   0)              |               __irq_get_desc_lock() {
   0)    0.541 us  |                 irq_to_desc();
   0)    0.500 us  |                 preempt_count_add();
   0) + 16.000 us  |               }
   0)              |               __disable_irq() {
   0)    0.500 us  |                 irq_disable();
   0)    8.208 us  |               }
   0)              |               __irq_put_desc_unlock() {
   0)    0.459 us  |                 preempt_count_sub();
   0)    8.000 us  |               }
   0) + 55.625 us  |             }
   0) + 63.375 us  |           }
```

現在，透過大括號符號（{）與（}）的分隔幫助下，你就能清楚看出函式呼叫的巢狀結構。每當遇到代表結束的括號時，就會有一個統計數據表示在函式中總共花費了多少時間；如果該時間大於 10μs 就會被標上加號（+），如果大於 100μs 就會被標上驚嘆號（!）。

通常你只需要關注由「某單一程序」或「某單一執行緒」所引起的內核活動，這時你可以將執行緒的編號寫入 set_ftrace_pid 當中，以此將追蹤工作限制在單一執行緒上頭。

動態的 Ftrace 與追蹤過濾器

在啟用 CONFIG_DYNAMIC_FTRACE 之後，就能夠讓 Ftrace 在執行期變更 function 追蹤器所在的位置，這有幾點好處。首先，雖然在組建時需要查找追蹤功能所在的位置，並因此花費額外的處理時間，但這能讓 Ftrace 的子系統在啟動過程中定位這些追蹤點，並且以 NOP 指令覆蓋過去，把 function 追蹤器造成的副作用幾乎消除。這之後，你可以在線上環境的內核（或是模擬線上環境的內核）再啟用 Ftrace，而不會因此影響原有的效能。

第二點好處是，你可以個別地決定 function 追蹤器的追蹤對象，而不是一鼓作氣地追蹤所有東西。在 available_filter_functions 裡面有函式的清單，這也許有成千上百個函式。你可以挑選要啟用追蹤的函式，然後把 available_filter_functions 中的名稱寫到 set_ftrace_filter 裡面，或者是寫到 set_ftrace_notrace 當中，以停止對此函式的追蹤。你還可以在清單中使用萬用字元或是部分名稱；比方說，假設今天想查看 tcp 的處理情形的話：

```
# cd /sys/kernel/debug/tracing
# echo "tcp*" > set_ftrace_filter
# echo function > current_tracer
# echo 1 > tracing_on
```

然後進行一些測試性質的執行，再來看看追蹤的結果：

```
# cat trace
# tracer: function
#
# entries-in-buffer/entries-written: 590/590   #P:1
#
```

```
#                                   _-----=> irqs-off
#                                  / _----=> need-resched
#                                 | / _---=> hardirq/softirq
#                                 || / _--=> preempt-depth
#                                 ||| /     delay
#             TASK-PID    CPU#    ||||     TIMESTAMP   FUNCTION
#               | |        |      ||||         |          |
        dropbear-375     [000]   ...1  48545.022235: tcp_poll <-sock_poll
        dropbear-375     [000]   ...1  48545.022372: tcp_poll <-sock_poll
        dropbear-375     [000]   ...1  48545.022393: tcp_sendmsg <-inet_
sendmsg
        dropbear-375     [000]   ...1  48545.022398: tcp_send_mss <-tcp_
sendmsg
        dropbear-375     [000]   ...1  48545.022400: tcp_current_mss <-tcp_
send_mss
[...]
```

你也可以在 set_ftrace_filter 當中設定特定的指令，比方說，用來當特定的函式被
執行時「啟動」或「停止」追蹤。雖然我們不會繼續在此詳述，但如果想了解更多此功
能的細節，請參考閱讀 Documentation/trace/ftrace.txt 中的「Filter commands」
一節。

事件追蹤

不論是前面提到的 function 追蹤器，還是 function_graph 追蹤器，都只能在函式被
執行到時進行記錄。而事件追蹤功能（trace events feature）則可以連「和呼叫有關的
參數」都記錄下來，讓追蹤資料更容易讀懂且更具資料價值。舉例而言，當 kmalloc
被呼叫時，事件追蹤除了會紀錄下函式被呼叫的這件事，還會紀錄下有多少位元組的資
料被要求，以及被回傳的指標（returned pointer）。雖然在 perf、LTTng、Ftrace 當
中，都有用到事件追蹤，但主要還是由 LTTng 專案在推動著事件追蹤子系統的開發。

由於每種事件的內容都有所不同，因此需仰賴內核開發者來建立追蹤用的事件，並在原
始碼中以 TRACE_EVENT 巨集進行定義：現在當中已經定義了上千個不同的事件。你可
以在執行期時從 /sys/kernel/debug/tracing/available_events 查看事件的清單。
這些事件的命名格式是 <子系統名稱>:<函式名稱>，如 kmem:kmalloc 這樣。此外，所
有的事件都會以子目錄結構的方式，呈現在 tracing/events/[子系統名稱]/[函式名
稱] 底下，如下所示：

```
# ls events/kmem/kmalloc
enable filter format id trigger
```

這些檔案的意義如下:

- enable:對這個檔案寫入 1 值就能啟用事件。
- filter:要追蹤此事件的話,就需要將這個檔案變更為 true 值。
- format:事件與參數的格式。
- id:數字型態的辨識編號。
- trigger:當事件發生時需要被執行的指令,格式上採用與 Documentation/ trace/ftrace.txt 中「Filter commands」一節同樣的內容。

等說明 kmalloc 與 kfree 時,我們會示範一個簡單的範例。要追蹤事件不一定需要 function 追蹤器,因此一開始先選擇 nop 追蹤器即可:

```
# echo nop > current_tracer
```

接下來,選擇要追蹤的事件,然後一個個進行啟用:

```
# echo 1 > events/kmem/kmalloc/enable
# echo 1 > events/kmem/kfree/enable
```

你也可以直接把事件的名稱寫進 set_event 當中,如下所示:

```
# echo "kmem:kmalloc kmem:kfree" > set_event
```

現在,當你查看追蹤紀錄時,就能看到函式的名稱和參數了:

```
# tracer: nop
#
# entries-in-buffer/entries-written: 359/359 #P:1
#
#                              _-----=> irqs-off
#                             / _----=> need-resched
#                            | / _---=> hardirq/softirq
#                            || / _--=> preempt-depth
#                            ||| /     delay
#          TASK-PID   CPU#   ||||    TIMESTAMP  FUNCTION
```

```
#                  | |         |  ||||       |           |
           cat-382   [000] ...1  2935.586706: kmalloc:
call_site=c0554644 ptr=de515a00 bytes_req=384 bytes_alloc=512
gfp_flags=GFP_ATOMIC|GFP_NOWARN|GFP_NOMEMALLOC
           cat-382   [000] ...1  2935.586718: kfree:
call_site=c059c2d8 ptr= (null)
```

跟你使用 perf 的「追蹤點（tracepoint）事件」顯示的事件追蹤結果相同。

由於沒有多餘的用戶空間元件，因此 Ftrace 在大多數的嵌入式裝置目標環境上都適用。接下來，我們要介紹另一款同樣也是起源悠久、廣受採用的事件追蹤器。

LTTng

為了追蹤內核的活動，Karim Yaghmour 成立了 **Linux Trace Toolkit（簡稱 LTT）** 專案，也是最早一批能夠對 Linux 內核進行追蹤的工具之一。後來，Mathieu Desnoyers 受到這個概念啟發，然後將這項工具重新開發為一個次世代的追蹤工具，也就是 **LTTng**；而除了內核之外，它還進一步擴展觸角到用戶空間的追蹤作業。專案官網在 https://lttng.org/，上面有一份詳盡的使用者手冊。

LTTng 由以下三項元件組成：

- 作為核心的流程管理器（session manager）
- 開發為內核模組形式的內核追蹤器（kernel tracer）
- 開發為函式庫形式的用戶空間追蹤器（user space tracer）

除了以上這些之外，你還需要在目標環境或是開發環境上，有一個如 **Babeltrace**（https://babeltrace.org/）之類的追蹤紀錄瀏覽工具，或是用 **Eclipse Trace Compass** 外掛程式，來對原始的追蹤紀錄資料進行瀏覽與過濾。

使用 LTTng，需要內核設定的 CONFIG_TRACEPOINTS 支援，可在 **Kernel hacking | Tracers | Kernel Function Tracer** 選單中啟用。

以下介紹的內容是以 LTTng 版本 2.5 所進行的；根據版本不同，內容可能也會有所差異。

Yocto Project 與 LTTng

將以下這些套件加進目標環境的依賴關係中。在 `conf/local.conf` 中寫入：

```
IMAGE_INSTALL_append = " lttng-tools lttng-modules lttng-ust"
```

如果你想在目標環境上執行 Babeltrace 的話，記得也把套件名稱 `babeltrace` 加到尾端。

Buildroot 與 LTTng

需要啟用以下這些設定：

- 在 **Target packages | Debugging, profiling and benchmark | lttng-modules** 選單中的 `BR2_PACKAGE_LTTNG_MODULES`。
- 在 **Target packages | Debugging, profiling and benchmark | lttng-tools** 選單中的 `BR2_PACKAGE_LTTNG_TOOLS`。

如果要對用戶空間進行追蹤，啟用底下這個設定：

- 在 **Target packages | Libraries | Other, enable lttng-libust** 選單中的 `BR2_PACKAGE_LTTNG_LIBUST`。

還有一個名為 `lttng-babeltrace` 的套件可以在目標環境上使用。Buildroot 則會自動替開發環境組建出 `babeltrace`，安裝在 `output/host/usr/bin/babeltrace` 底下。

用 LTTng 進行內核追蹤

LTTng 可以利用我們前面提到的 `ftrace` 事件集，作為追蹤點來使用。不過一開始這些都處於停用的狀態。

控制 LTTng 的介面是 `lttng` 指令。你可以用下面的指令來列出內核偵測一覽：

```
# lttng list --kernel
Kernel events:
-------------
```

```
            writeback_nothread (loglevel: TRACE_EMERG (0)) (type: tracepoint)
            writeback_queue (loglevel: TRACE_EMERG (0)) (type: tracepoint)
            writeback_exec (loglevel: TRACE_EMERG (0)) (type: tracepoint)
    [...]
```

追蹤資料會在建立流程之後開始進行擷取，以下例來說，這個流程被命名為 test：

```
# lttng create test
Session test created.
Traces will be written in /home/root/lttng-traces/test-20150824-140942
# lttng list
Available tracing sessions:
  1) test (/home/root/lttng-traces/test-20150824-140942)
[inactive]
```

然後在現在這個流程底下，啟用幾個事件看看。你可以直接用 --all 參數啟用所有的內核追蹤點，但要注意這可能會一下子產生過多的追蹤資料。讓我們先從幾個和「排程管理器」相關的追蹤事件開始就好：

```
# lttng enable-event --kernel sched_switch,sched_process_fork
```

確認一下設定無誤：

```
# lttng list test
Tracing session test: [inactive]
    Trace path: /home/root/lttng-traces/test-20150824-140942
    Live timer interval (usec): 0
=== Domain: Kernel ===
Channels:
-------------
- channel0: [enabled]
Attributes:
    overwrite mode: 0
    subbufers size: 26214
    number of subbufers: 4
    switch timer interval: 0
    read timer interval: 200000
    trace file count: 0
    trace file size (bytes): 0
    output: splice()
```

```
Events:
    sched_process_fork (loglevel: TRACE_EMERG (0)) (type: tracepoint)
[enabled]
    sched_switch (loglevel: TRACE_EMERG (0)) (type: tracepoint)
[enabled]
```

接著開始進行追蹤：

```
# lttng start
```

執行一段時間的測試性質作業之後，停止追蹤：

```
# lttng stop
```

流程中，擷取到的追蹤資料會寫到該次流程的目錄中，也就是在 lttng-traces/< 流程
名稱 >/kernel 底下。

你可以用 Babeltrace 瀏覽工具來把原始的追蹤資料，轉換為純文字格式，在本例中我
們是在開發環境上執行的：

```
$ babeltrace lttng-traces/test-20150824-140942/kernel
```

輸出的資訊量多到在這邊放不下，所以我們只好把這個留給各位讀者，也就是正在看本
書的你作為練習，用同樣的方式試著擷取並顯示追蹤結果。用 Babeltrace 來輸出的好
處之一，就是可以用 grep 或其他類似的指令，來對字串進行搜尋。

如果想要一個圖形化的瀏覽工具，那麼 Eclipse 上的 **Trace Compass** 外掛程式是個不
錯的選擇，而且已經包含在 C/C++ Developers IDE 版本的 Eclipse 當中了。不過把追
蹤資料匯入 Eclipse 的步驟有點繁瑣。簡單而言，要照著下面的步驟進行：

1. 開啟 **Tracing** 視點介面（perspective）。
2. 選擇 **File | New | Tracing project**，來建立一個新的專案。
3. 輸入想要的專案名稱後，點擊 **Finish**。
4. 在 **Project Explorer** 選單中，對 **New Project** 項目點擊右鍵，然後選擇 **Import**。
5. 選擇 **Tracing** 底下的 **Trace Import**。
6. 打開含有追蹤輸出結果的目錄（如 test-20150824-140942），然後針對你想要
   讀取的子目錄勾選起來（如 **kernel**），點擊 **Finish**。

7. 現在就可以把專案打開，然後雙擊 **Traces[1]** 底下的 **kernel**。

在介紹過 LTTng 之後，接下來看看目前 Linux 上最新、最強大的一款事件追蹤器。

BPF

BPF（Berkeley Packet Filter）是在 1992 年時發展出來作為擷取、過濾、分析網路流量的技術。在 2013 年時，才在 Alexi Starovoitov 與 Daniel Borkmann 合作之下重新改寫。他們兩人的開發成果又被稱為 **eBPF（extened BPF）**，並在 2014 年時正式併入內核中，從 Linux 3.15 版本便一直存在至今。BPF 在 Linux 內核中提供了一個沙盒執行環境。BPF 程式使用 C 語言編寫，並**即時編譯（just-in-time compile，JIT）**為機器碼（native code），但在編譯過程中，還要經過一系列的安全性檢查，才能確保程式執行不會損壞內核。

雖然原本是用於網路流量的情境，但 BPF 現在已經是 Linux 內核中一套多用途的虛擬機器環境了，適合「小型程式」用來測試特定內核或應用程式事件，因此快速地成為 Linux 環境中的一套強力追蹤器。如同 cgroup 之於容器部署情境一樣，BPF 在這件事情上也具備著潛力，讓使用者在握有完全控制權的情況下，提供了另一種不同的觀察視角。像是 Netflix 和 Facebook 等企業，都大量運用 BPF 來進行「微服務」與「雲端基礎設施」的效能分析，甚至是用於防範 **DDoS 攻擊（Distributed Denial of Service Attacks，分散式阻斷服務攻擊）**。

與 BPF 搭配的工具仍在持續發展中，如 **BPF Compiler Collection（BCC）**還有 **bpftrace** 等，它們可說是目前最主要的前端介面。Brendan Gregg 都有深入參與到這兩項專案當中，並在他的著作《*BPF Performance Tools: Linux System and Application Observability*》（Addison-Wesley 出版）中介紹了許多關於 BPF 的細節。既然 BPF 能夠被運用於各種層面上，那麼這類技術是否難以上手呢？其實就如同 cgroup 一樣，我們不需要了解 BPF 的運作原理，也可以靈活運用。尤其在 BCC 中已經準備好各種現成的工具與範例，我們直接從指令列環境上操作即可。

設定內核以使用 BPF

要使用 BCC 工具組，需要 4.1 以上的 Linux 內核版本。在本書寫成當下，BCC 僅支援少數 64 位元的 CPU 架構，因此如果要在嵌入式系統上運用 BPF 的功能會是一個嚴

重限制。但幸好 `aarch64` 就是其中一個少數有支援的架構，因此我們得以在 Raspberry Pi 4 機板上使用 BCC 工具。首先從設定內核、啟用 BPF 的步驟開始：

```
$ cd buildroot
$ make clean
$ make raspberrypi4_64_defconfig
$ make menuconfig
```

BCC 會用到 LLVM 來編譯 BPF 程式，而 LLVM 是一個以 C++ 寫成、非常龐大的專案，因此需要具備 wchar（寬字元）、執行緒和其他功能的工具鏈來進行組建。

> **Tip**
>
> `ply`（https://github.com/iovisor/ply）套件在 2021 年 1 月 23 日被加入到 Buildroot 當中，而本書範例所選用的 2021.02 長期維護版本中也有這個套件。這個 `ply` 套件是一個可以在 Linux 上運用的輕量動態追蹤器，它能與 BPF 搭配使用，讓偵測的探針（probe）可以被設定在內核中的任意位置上。與 BCC 不同之處在於，`ply` 套件除了 `libc` 的依賴關係之外，完全沒有其他外部依賴需求、也不需要 LLVM 才能運作。因此對於 `arm` 或是 `powerpc` 這類嵌入式 CPU 架構來說，更方便使用。

在開始設定內核之前，我們先來設定外部工具鏈，並且修改 `raspberrypi4_64_defconfig`，以納入 BCC 工具組：

1. 在 **Toolchain | Toolchain type | External toolchain** 中啟用「外部工具鏈」選項。
2. 退出 **External toolchain** 選單，進入 **Toolchain** 子選單，選擇「最新的 ARM AArch64 工具鏈」作為外部工具鏈。
3. 退出 **Toolchain** 選單頁，往下拉，找到 **System configuration | /dev management**，選擇 **Dynamic using devtmpfs + eudev**。
4. 退出 **/dev management** 選單頁，選擇 **Enable root login with password**。進入 **Root password**，並在文字輸入欄位設定「非空白密碼」。
5. 退出 **System configuration** 選單頁，往下拉，找到 **Filesystem images**。將 **exact size** 的數值增加到 2G，這樣才有足夠的空間納入內核的原始碼。
6. 退出 **Filesystem images** 選單頁，往下拉，找到 **Target packages | Networking applications**，選擇 **dropbear** 套件，這樣才能透過 `scp` 與 `ssh` 來存取目標環境。但要注意的是，`dropbear` 不允許以「無密碼」的狀態透過 `scp` 與 `ssh` 登入 `root` 使用者帳號。

7. 退出 **Network applications** 選單頁，往下拉，找到 **Miscellaneous** 雜項套件，從中選擇 **haveged** 套件，這樣程式才不會為了等待 /dev/urandom 而停滯，更快初始化目標環境。

8. 儲存變更後，離開 menuconfig 介面。

接著，將變更後的 menuconfig 設定，覆蓋到 configs/raspberrypi4_64_defconfig，並且準備 Linux 內核原始碼：

```
$ make savedefconfig
$ make linux-configure
```

make linux-configure 這道指令會協助我們下載並安裝「指定的外部工具鏈」，然後在抓取、解開、設定內核原始碼檔案之前，先建置部分的目標環境工具。在本書寫成當下，Buildroot 的 2020.02.9 長期維護版本是以 Raspberry Pi Foundation 他們 GitHub 分支上的 4.19 版本內核打包檔（tarball）為主。各位讀者可以自行查看 raspberrypi4_64_defconfig 的內容，來了解「你會下載到的內核版本」為何。一旦 make linux-configure 完成後，就可以設定 BPF 了：

```
$ make linux-menuconfig
```

如果你想快速找到特定的內核設定項目，你可以在互動式選單處先輸入 / 符號，然後再鍵入搜尋用的關鍵字。搜尋會將「符合的結果」顯示為清單，輸入清單中的編號，就可以直接跳到該設定項目中。

而為了啟用內核對 BPF 的支援，至少需要設定以下這些項目：

```
CONFIG_BPF=y
CONFIG_BPF_SYSCALL=y
```

BCC 的部分則是底下這些項目：

```
CONFIG_NET_CLS_BPF=m
CONFIG_NET_ACT_BPF=m
CONFIG_BPF_JIT=y
```

要是讀者使用的 Linux 內核為 4.1 到 4.6 版本，請設定如下：

```
CONFIG_HAVE_BPF_JIT=y
```

Linux 內核為 4.7 之後的版本，請設定如下：

```
CONFIG_HAVE_EBPF_JIT=y
```

針對 Linux 內核為 4.7 之後的版本，請再加入底下的設定，這樣 BPF 程式才能抓取 kprobe、uprobe、追蹤點（`tracepoint`）事件：

```
CONFIG_BPF_EVENTS=y
```

針對 Linux 內核為 5.2 之後的版本，請加入底下的設定，以存取內核標頭檔：

```
CONFIG_IKHEADERS=m
```

這是因為 BCC 在編譯 BPF 程式時，需要讀取內核標頭檔的緣故，因此要設定 `CONFIG_IKHEADERS` 項目才能載入 kheaders.ko 模組，以便存取。

要執行 BCC 網路分析範例，還需要底下這些模組設定：

```
CONFIG_NET_SCH_SFQ=m
CONFIG_NET_ACT_POLICE=m
CONFIG_NET_ACT_GACT=m
CONFIG_DUMMY=m
CONFIG_VXLAN=m
```

記得離開 `make linux-menuconfig` 時要儲存變更，才能套用到 output/build/linux-custom/.config 中，接著，你才可以組建出支援 BPF 的內核。

Buildroot 與 BCC 工具組

在準備好對 BPF 的內核支援後，接著就來準備用戶空間的函式庫與工具組，加到目標映像檔中。在本書寫成當下，已經有一份由 Jugurtha Belkalem 和其他社群成員共同開發的 Buildroot 修補檔，將 BCC 工具組整合進去，但這份修補檔尚未被整合到 Buildroot 裡面。而 Buildroot 本身已經有內建一份 LLVM 套件了，也因此，我們對

於 BCC 在編譯時所要使用的 BPF 後端，是無從設定選擇的。在本書儲存庫的 MELP/
Chapter20/ 目錄底下，讀者可以找到 bcc 與更新過後的 llvm 套件設定檔。請將這些
檔案複製到讀者 Buildroot 的 2020.02.09 LTS 安裝目錄底下：

```
$ cp -a MELP/Chapter20/buildroot/* buildroot
```

然後把 bcc 與 llvm 套件加到 raspberrypi4_64_defconfig 中：

```
$ cd buildroot
$ make menuconfig
```

如果讀者使用的 Buildroot 是 2020.02.09 長期維護版本，並且使用 MELP/Chapter20
的設定檔覆蓋上去，那麼就可以完成 **Debugging, profiling and benchmark** 所需的
bcc 套件了。接下來，把 bcc 套件加到你的系統映像檔中，並執行以下步驟：

1. 在 **Target packages | Debugging, profiling and benchmark** 中選擇 **bcc** 選
   項。
2. 退出 **Debugging, profiling and benchmark** 選單頁，往下拉，找到 **Libraries |
   Other**，確認 **clang**、**llvm** 和 LLVM 的 **BPF backend** 等選項都已經設定。
3. 退出 **Libraries | Other** 選單頁，往下拉，找到 **Interpreter languages and
   scripting**，確認 **python3** 選項已經設定，這樣才能執行 BCC 的各項工具與範
   例。
4. 退出 **Interpreter languages and scripting** 選單頁，然後在 **Target packages**
   選單頁下方的 BusyBox 中，選擇 **Show packages that are also provided by
   busybox** 選項。
5. 往下拉，找到 **System tools**，確認 **tar** 選項已經設定，這樣才能擷取我們需要的
   內核標頭檔。
6. 儲存變更後，離開 menuconfig 介面。

再次將變更後的 menuconfig 設定，覆蓋到 configs/raspberrypi4_64_defconfig，
組建出映像檔：

```
$ make savedefconfig
$ make
```

需要一段比較長的時間來編譯 LLVM 與 Clang。當映像檔組建完成後，再利用 Etcher
將「組建結果的 output/images/sdcard.img 檔案」寫到 microSD 卡中。最後再將
output/build/linux-custom 中的內核原始檔，複製到 microSD 卡中「根目錄檔案
系統」分割區的 /lib/modules/< 內核版本號 >/build 目錄底下。最後這個步驟特別重
要，因為 BCC 需要內核原始碼檔案，才能編譯 BPF 程式。

把完成後的 microSD 卡插入到 Raspberry Pi 4 機板上，以一條乙太網路線接上區域網
路，然後啟動電源。用 arp-scan 找出 Raspberry Pi 4 的網路 IP 位址後，再用先前設
定好的密碼，透過 SSH 登入 root 使用者帳號。如果讀者使用的是本書儲存庫 MELP/
Chapter20/buildroot 當中的設定，那麼在 configs/rpi4_64_bcc_defconfig 內的
root 密碼是 temppwd。完成一切準備後，就可以來體驗一下 BPF 了。

BPF 追蹤工具

使用 BPF 進行任何操作，包括執行 BCC 工具組和範例，都需要 root 權限，這就是我
們透過 SSH 連線「以 root 使用者登入」的原因。另一個先備條件，就是將 debugfs
掛載上去，如下所示：

```
# mount -t debugfs none /sys/kernel/debug
```

由於 BCC 工具組所在的目錄路徑未納入 PATH 環境變數中，因此，我們先將工作目錄
切換到路徑底下，以便執行：

```
# cd /usr/share/bcc/tools
```

接著，讓我們嘗試利用工具，將各作業的 CPU 執行時間展示出來：

```
# ./cpudist
```

cpudist 這項工具會顯示各作業在「被排程」期間佔用了 CPU 運算多長時間：

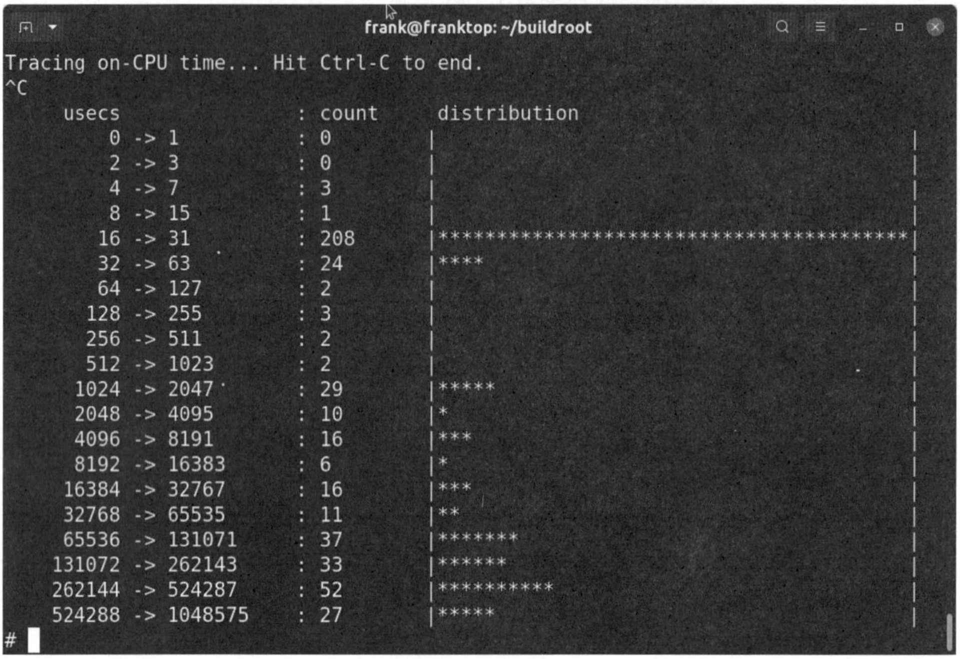

圖 20.5：cpudist

要是有讀者無法看到圖 20.5 的介面，反而出現下面這種錯誤訊息的話，這表示你忘記將內核原始碼檔案複製到 microSD 卡中了：

```
modprobe: module kheaders not found in modules.dep
Unable to find kernel headers. Try rebuilding kernel with CONFIG_
IKHEADERS=m (module) or installing the kernel development package for
your running kernel version.
chdir(/lib/modules/4.19.97-v8/build): No such file or directory
[...]
Exception: Failed to compile BPF module <text>
```

另一項可用於系統概況分析的是 llcstat 工具，這項工具可用來追蹤快取參考（cache reference）以及未能在快取中找到資料的事件（cache miss events），並以存取時的 PID 編號以及 CPU 核心編號做彙整：

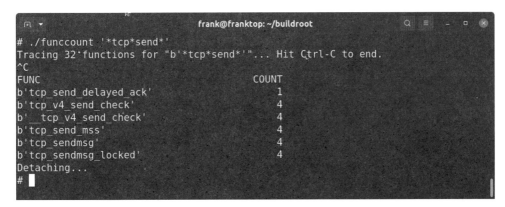

圖 20.6：llcstat

並不是所有 BCC 工具都需要我們按下 Ctrl + C 組合鍵來中斷擷取，部分工具如 llcstat 可以在指令列中指定一段固定的擷取時長作為參數。

而要是你想深入了解某個函式，可以利用 funccount 這類工具，加上函式名稱作為搜尋條件：

圖 20.7：funccount

在這個範例中，我們是以追蹤函式名稱中，前段含有 tcp 字樣且後段含有 send 字樣的所有內核函式為主。許多 BCC 工具都具備可追蹤用戶空間函式的能力，不過，這需要提供除錯符號資訊，或是在 **USDT（user statically defined tracepoint，使用者以靜態定義的追蹤點）** 中提供原始碼資訊。

至於對各位嵌入式裝置開發者來說，最感興趣應該還是 hardirqs 這項工具，因為這能協助我們量測「內核」花在「硬中斷」（hard interrupts）上的時間：

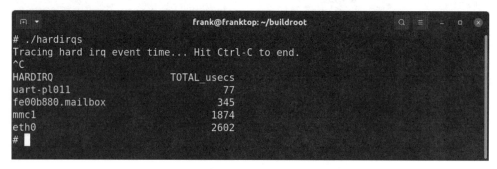

圖 20.8：hardirqs

真有必要的話，自己用 Python 來寫一組自訂（或提供他人使用）的 BCC 追蹤工具，其實也不是什麼難事。在 BCC 的 /usr/share/bcc/examples/tracing 目錄底下，你可以找到許多相關範例和說明。

本書對 Linux 事件追蹤工具（Ftrace、LTTng、BPF）的介紹就到此為止。無論是以上何種工具，都需要在使用前對內核設定做一定調整。接下來，我們要介紹的是 Valgrind，它提供更多與剖析相關的工具，並且可以順利地從用戶空間操作。

Valgrind

在「**第 18 章，記憶體管理**」當中，我們曾介紹過 Valgrind，當時是使用 memcheck 功能當作查找記憶體問題的工具使用。不過 Valgrind 同時也有其他可有效剖析應用程式的工具。其他要在此介紹的兩個分別是 Callgrind 與 Helgrind。由於 Valgrind 的運作原理是將程式放到一個沙盒環境中執行，因此可以在程式一邊執行時一邊做檢視，並針對特定行為做回報，這是直接就地執行的追蹤或剖析工具所辦不到的事情。

Callgrind

Callgrind 是一個用來產生呼叫路徑圖的剖析工具，同時也會收集處理器在快取中找到所需資料的次數比例，以及分支預測等資訊。但 Callgrind 只有在你的問題是和運算吃重有關時才會有所幫助。對於解決輸出入吃重，或是牽涉到多程序的問題時就幫不上忙了。

Valgrind 雖然不需要內核設定的支援，但還是需要除錯符號。此外，在 Yocto Project 與 Buildroot 中，都可以找到 Valgrind 的套件，以安裝在目標環境上（BR2_PACKAGE_ VALGRIND）。

接著，就可以在目標環境上執行 Valgrind 中的 Callgrind 功能：

```
# valgrind --tool=callgrind <程式名稱>
```

這會產生出一個名為 callgrind.out.<PID> 的檔案，讓你能複製回開發環境上，再用 callgrind_annotate 進行分析。

預設上，是將所有執行緒的資料都抓取下來，全部寫進一個檔案中。如果你在擷取資料時加上 --separate-threads=yes 參數的話，就會把個別執行緒的資料寫進名為 callgrind.out.<PID>-<TID> 的檔案當中，例如：callgrind.out.122-01、callgrind.out.122-02 等，以此類推。

Callgrind 還能模擬出處理器 L1/L2 快取，並且針對「快取中找不到資料」的情形進行回報，只要加上 --simulate-cache=yes 參數即可。由於 L2 快取失誤（miss）的代價比 L1 失誤的代價要高出許多，所以對於在 D2mr 跟 D2mw 這兩個項目數值過高的程式要特別留意。

只是 Callgrind 的原始資料輸出過於龐雜，難以解讀，因此如果能夠再搭配上 **KCachegrind**（https://kcachegrind.github.io/html/Home.html）這類視覺化的工具，就可以更方便地爬梳 Callgrind 的輸出資料了。

Helgrind

Helgrind 是執行緒的問題檢測器，可用來偵測在以 C、C++ 與 Fortran 語言編寫的程式中，所出現的 POSIX 執行緒同步問題。

Helgrind 主要可以偵測三種類型的錯誤。首先，可以偵測出錯誤的 API 使用，例如：要對已經被釋出的互斥鎖又再進行一次釋出，或是釋出已經被其他執行緒獲取的互斥鎖，又或者是沒有對某些 Pthread 函式的回傳值做確認等。第二種則是可以監看執行緒獲取資源鎖的順序，並從這些獲取的循環當中偵測出潛在的鎖死問題。最後一種則是可以偵測資料的爭用問題（race condition of data），這種問題會發生在沒有適合的資源鎖或是其他同步機制，以確保同時間只有單一執行緒存取時，就讓兩個執行緒存取同一個共用的記憶體位址。

Helgrind 的使用相當簡單，你只需要輸入底下這道指令：

```
# valgrind --tool=helgrind <程式名稱>
```

這會在找到問題或是潛在的可能問題時顯示出來。你可以加上 --log-file=< 檔案名稱 >，把這些顯示的訊息另外導向一個檔案裡面。

無論是 Callgrind 還是 Helgrind，在要剖析或偵測鎖死問題時，都要倚賴 Valgrind 的虛擬化功能。而虛擬化的成本，有可能會拖慢程式的執行效能，形成另一種觀測者效應。

因此，有時針對程式中那類容易重現的缺失問題，其實可以用較為簡易、較少侵入性的工具，快速地除錯即可。而在這類工具中，最常見的便屬 strace 了。

strace

本章的內容始於對 top 這個簡易而普遍的工具介紹，而這邊我們要以對另一個同樣簡易而普遍的工具介紹做結尾，那就是 **strace**。這是個非常單純的追蹤器，可以用來擷取由程式及其子分支引發的系統呼叫。以下是它可能的用途：

- 用於了解程式引發了哪些系統呼叫。
- 找出那些執行失敗的系統呼叫與錯誤代碼。筆者發現這在程式一開始就出現錯誤但沒有錯誤訊息，或是訊息辨識度太低時相當有用。因為 strace 可以把出現錯誤的系統呼叫揭示出來。
- 找出程式開啟了哪些檔案。
- 找出正在執行的程式引發了哪些系統呼叫（syscalls），例如：用於確認是否卡在一個迴圈時使用。

網路上還有更多的使用情境範例，只要搜尋 strace 就可以找到許多祕訣和小技巧。每個人都有自己的不同經歷，比方說，可以參考 https://alexbilson.dev/plants/technology/debug-a-program-with-strace/ 的故事。

strace 主要是使用 ptrace(2) 函式，來關聯那些由「用戶空間」對「內核」的呼叫行為。如果你想要了解更多關於 ptrace 的資訊，在 ptrace 手冊頁中的資訊相當詳盡，而且意外地容易閱讀。

要擷取追蹤資料的方式就直接執行 strace，如下所示（為了閱讀方便下述內容，已另外經過編輯）：

```
# strace ./helloworld
execve("./helloworld", ["./helloworld"], [/* 14 vars */]) = 0
brk(0)                                    = 0x11000
uname({sys="Linux", node="beaglebone", ...}) = 0
mmap2(NULL, 4096, PROT_READ|PROT_WRITE, MAP_PRIVATE|MAP_ANONYMOUS,
-1, 0) = 0xb6f40000
access("/etc/ld.so.preload", R_OK)        = -1 ENOENT (No such file or
directory)
open("/etc/ld.so.cache", O_RDONLY|O_CLOEXEC) = 3
fstat64(3, {st_mode=S_IFREG|0644, st_size=8100, ...}) = 0
mmap2(NULL, 8100, PROT_READ, MAP_PRIVATE, 3, 0) = 0xb6f3e000
close(3)                                  = 0
open("/lib/tls/v7l/neon/vfp/libc.so.6", O_RDONLY|O_CLOEXEC) = -1
ENOENT (No such file or directory)
[...]
open("/lib/libc.so.6", O_RDONLY|O_CLOEXEC) = 3
read(3, "\177ELF\1\1\1\0\0\0\0\0\0\0\0\0\3\0(\0\1\0\0\0$`\1\0004\0\0\
0"..., 512) = 512
fstat64(3, {st_mode=S_IFREG|0755, st_size=1291884, ...}) = 0
mmap2(NULL, 1328520, PROT_READ|PROT_EXEC, MAP_PRIVATE|MAP_DENYWRITE,
3, 0) = 0xb6df9000
mprotect(0xb6f30000, 32768, PROT_NONE)   = 0
mmap2(0xb6f38000, 12288, PROT_READ|PROT_WRITE, MAP_PRIVATE|MAP_
FIXED|MAP_DENYWRITE, 3, 0x137000) = 0xb6f38000
mmap2(0xb6f3b000, 9608, PROT_READ|PROT_WRITE, MAP_PRIVATE|MAP_
FIXED|MAP_ANONYMOUS, -1, 0) = 0xb6f3b000
close(3)
[...]
write(1, "Hello, world!\n", 14Hello, world!) = 14
```

```
exit_group(0)                                    = ?
+++ exited with 0 +++
```

上面大部分的追蹤內容都是關於執行期環境建立的過程，尤其是關於函式庫載入器在尋找 libc.so.6，然後終於在 /lib 底下找到的這一段過程。最後一路執行到程式的 main() 函式當中，印出訊息，並且結束。

如果你想要 strace 對從原始程序中衍生出來的子程序或子執行緒進行追蹤，那就再加上 -f 參數。

> **Tip**
>
> 如果你要使用 strace 來追蹤會產生執行緒的程式，你幾乎無法避免地要加上 -f 參數。更好的話，最好是使用 -ff 參數與加上 -o <**檔案名稱**>，這樣每個子程序或是子執行緒的輸出，都會分別被輸出到名為 <**檔案名稱**>.<PID | TID> 的檔案中。

strace 常見的使用情境是，用來找出程式在啟動時會試著存取哪些檔案。你可以透過 -e 參數，來限制要追蹤的系統呼叫，然後用 -o 參數把追蹤結果寫進一個檔案裡，而不是直接輸出到 stdout 去：

```
# strace -e open -o ssh-strace.txt ssh localhost
```

這能顯示出 ssh 指令在設定網路連線時，會存取的函式庫與設定檔。

你還可以用 strace 作為一個基礎的剖析工具。如果你加上 -c 參數，它就會統計系統呼叫所花費的時間，然後印出成底下這樣的摘要資訊：

```
# strace -c grep linux /usr/lib/* > /dev/null
% time     seconds  usecs/call     calls    errors syscall
------ ----------- ----------- --------- --------- ----------
 78.68    0.012825           1     11098        18 read
 11.03    0.001798           1      3551           write
 10.02    0.001634           8       216        15 open
  0.26    0.000043           0       202           fstat64
  0.00    0.000000           0       201           close
  0.00    0.000000           0         1           execve
  0.00    0.000000           0         1         1 access
  0.00    0.000000           0         3           brk
```

0.00	0.000000	0	199		munmap
0.00	0.000000	0	1		uname
0.00	0.000000	0	5		mprotect
0.00	0.000000	0	207		mmap2
0.00	0.000000	0	15	15	stat64
0.00	0.000000	0	1		getuid32
0.00	0.000000	0	1		set_tls
------	-----------	-----------	---------	---------	----------
100.00	0.016300		15702	49	total

strace 能辦到的事情遠遠不只如此，這邊所介紹的，僅僅是這項工具的冰山一角。建議各位讀者可以閱讀 Julia Evans 的《*Spying on your programs with strace*》，你可以從 https://wizardzines.com/zines/strace/ 下載這本佳作。

小結

沒人能責怪 Linux 為什麼不直接提供剖析與追蹤的功能。但在這個章節中我們已經大略告訴各位讀者一些最常見的方式。

當你面對系統的運作結果並不如預期時，就先用 top 來試著釐清問題原因。如果問題可歸咎於單一應用程式，那麼就能用 perf record/report 來對其進行剖析（但要記得先修改內核的設定，以啟用 perf，而且還需要該程式與內核的除錯符號才行）。如果你無法確定問題的來源範圍，那麼就先用 perf（或是 BCC 工具組）查看整個系統的概觀。

Ftrace 則是在你針對內核的行為有特定疑問時發揮用處。function 與 function_graph 這兩個追蹤器可以針對函式呼叫的關聯與順序，提供你詳盡的資訊。事件追蹤器則能讓你從函式中了解更多資訊，例如：參數與回傳值等。透過事件追蹤的機制，LTTng 也能發揮類似的作用，並且從內核裡面抽取出大量的資料放到高速循環的緩衝區內。Valgrind 的優勢則在於以沙盒環境執行程式，並且能夠找出其他工具難以追查的錯誤。

使用 Callgrind 工具，就能產生出呼叫路徑圖並且回報處理器的快取使用情形；用上 Helgrind 的話，就可以追查與執行緒相關的問題。最後，不要忘了 strace，這是個用來查看程式引發了哪些系統呼叫的好選擇；追蹤檔案開啟呼叫的話，就能找出被使用的檔案路徑名稱，還能用於檢查系統啟動過程與收到的訊號等等。

但同時要注意的是，記得避免造成觀測者效應，確保你進行的量測工作能夠套用到線上系統的情境。在下一個章節，我們會延續這個主題探討延遲追蹤器（latency tracer），幫助我們量化目標系統上的即時策略效能。

延伸閱讀

筆者在此強力推薦 Brendan Gregg 的兩本著作：《*Systems Performance: Enterprise and the Cloud, Second Edition*》 和《*BPF Performance Tools: Linux System and Application Observability*》。

21

即時系統開發

在現實與電腦系統之間，大多數的互動模式都是屬於需要即時回饋的反應，因此對於嵌入式系統的開發者而言，這同樣也是一個重要的議題。在此之前，我們已經多次提及即時系統的開發，例如：在**「第 17 章，程序與執行緒」**中，介紹過排程的策略與優先權反轉的問題；在**「第 18 章，記憶體管理」**中，也曾談及分頁錯誤以及記憶體存取時需要鎖定映射狀態的議題。現在是時候把這些議題集中起來，更深入地探討即時系統的開發。

在這個章節中，筆者會先討論即時系統（real-time system）應該具備的特性，並且以此思考在「應用程式」與「內核」兩方面上，對於系統設計層面的影響。我們會介紹即時系統版本的內核修補程式 PREEMPT_RT，告訴你如何下載並安裝到主線版本的內核中。最後一個小節則會說明如何利用兩項工具，即 **cyclictest** 與 **Ftrace**，來分析出系統延遲的問題。

當然，還有其他方式也可以在嵌入式 Linux 裝置上達成即時性的要求，比方說，如同 Xenomai 與 RTAI 採用的方法：使用一個複雜的微控制器，或是並用 Linux 內核與另一個即時系統內核。不過，由於這本書的主旨還是使用 Linux 作為嵌入式系統的核心，因此這些方法就不在此贅述。

在本章節中,我們將帶領各位讀者一起了解:

- 什麼是即時性?
- 導致不確定的因素
- 排程延遲
- 對內核插隊
- 即時系統版本的 Linux 內核（PREEMPT_RT）
- 允許插隊的內核資源鎖
- 高精確度的計時器
- 避免分頁錯誤
- 屏除中斷訊號
- 量測排程延遲

環境準備

執行本章節中的範例時,請讀者先準備如下環境:

- 以 Linux 為主系統的開發環境（至少 60 GB 可用磁碟空間）
- Buildroot 2020.02.9 長期維護版本
- Yocto 3.1（Dunfell）長期維護版本
- Linux 版 USB 開機碟製作工具 Etcher
- 一張可供讀寫的 microSD 卡與讀卡機
- BeagleBone Black 機板
- 一條 5V、1A 的 DC 直流電源供應線
- 一條乙太網路線,以及開通網路連線所需防火牆連接埠

如果讀者已經完成「**第 6 章,選擇組建系統**」的閱讀與練習,應該已經下載並安裝好 Buildroot 2020.02.9 長期維護版本了。如果讀者尚未下載安裝,請先參考「The Buildroot User Manual」中的「System requirements」小節（`https://buildroot.org/downloads/manual/manual.html`）,以及根據「**第 6 章**」當中的指引,在開發環境上安裝 Buildroot。

如果讀者已經完成「**第 6 章，選擇組建系統**」的閱讀與練習，應該已經下載並安裝好 Yocto 3.1（Dunfell）長期維護版本了。如果讀者尚未下載安裝，請先參考「Yocto Project Quick Build」中的「Compatible Linux Distribution」小節與「Build Host Packages」小節（`https://docs.yoctoproject.org/brief-yoctoprojectqs/index.html`），以及根據「**第 6 章**」當中的指引，在開發環境上安裝 Yocto。

什麼是即時性？

要是談論即時系統應具有的本質究竟是什麼，軟體工程師絕對會和你講個沒完沒了，而且到最後往往意見分歧。因此這邊筆者會以自己所認為對即時系統而言重要的性質開始介紹。

如果一項任務（task，又稱作業）可以被稱為「即時性的任務」，那麼就表示這項任務必須要在一個確定的時間點（又被稱為**時限（deadline）**）之前完成。要理解具即時性與不具即時性的任務之間究竟有什麼差別，那就想像一下，你要在電腦上一邊播放音樂串流，然後還要一邊編譯 Linux 內核時會發生什麼事。前者（播放音樂）之所以是即時性需求的任務，是因為會有不間斷的資料串流源源不絕送到音訊驅動程式上，而這些音訊的取樣區塊必須要以一定的播放頻率寫到音訊介面去。因此，之所以編譯工作不是一項具有即時性需求的任務，就是因為這項工作沒有一個固定的時限。雖然你會希望編譯越快完成越好，但不論是編譯了 10 秒、還是編譯了 10 分鐘，對於最終呈現出來的內核品質並不會有所影響。

另外一個需要被考慮的重要因素，就是「錯過時限的代價」。這個代價輕則可能只是有點惱人，但重則可能會造成系統錯誤、甚至導致終結。以底下幾種例子而言：

- **播放音訊串流**：在這項任務中，每數十毫秒就會遇到一次時限。如果音訊緩衝區的運作出了問題，那麼你就會聽到磕磕磕的聲音，聽起來是有些惱人，但還算能夠忍受。
- **鼠標的移動與點擊**：這項任務也是每數十毫秒一次時限。如果錯過了時限，那麼鼠標的移動就會不平順，而可能錯過按鈕的點擊。如果這個問題持續下去，這個系統會變得難以使用。
- **列印一張紙**：從進紙到開始列印的時限可能只在毫秒之間，因此，要是錯過了時限，就可能會使列印機卡紙，這樣就需要請人來修理了。偶爾發生卡紙是還好，但不會有人想買一台總是卡紙的機器。

- **在生產線的瓶身上印上生產日期**：要是其中一個瓶身沒被印到，那麼整條生產線都必須停下來，把出問題的瓶子移出，才能讓生產線繼續運作，因此這代價龐大。
- **烤一塊蛋糕**：這個時限應該有 30 分鐘左右吧。如果錯過個幾分鐘，那麼蛋糕可能就只是烤焦而已；但要是錯過了很長一段時間，這下子烤焦的可能就是整棟屋子了。
- **防突波系統**：從系統偵測到突波開始，必須就要在短短 2 毫秒之內啟動斷路器。要是失敗了，輕則損壞設備，重則可能導致人員傷亡。

換句話說，錯過時限會有各種代價發生。而我們通常會根據代價，分為底下這些不同類別：

- **軟性即時需求（soft real-time）**：能夠符合時限當然好，但在不導致系統錯誤的情況下，偶爾錯過時限也沒關係。上述的頭兩個例子便屬於此類。
- **硬性即時需求（hard real-time）**：這種類別的要是錯過時限，事情就大條了。我們還可以進一步再把「硬性即時需求」分為「關鍵任務系統」（mission-critical system）與「關鍵安全系統」（safety-critical system）。前者錯過時限的時候，會要付出一定的代價，如上述第四個例子，但後者則涉及生命傷亡，如上述中最後兩個例子。我以烤蛋糕為例，就是要告訴大家不是只有以毫秒為時限單位的系統，才會是「硬性即時系統」。

以「關鍵安全系統」為目標開發的軟體，必須符合多項標準，才能保證運行上的穩定性。而對於像 Linux 這麼複雜的作業系統來說，很難達到那些要求。

但如果換作是「關鍵任務系統」的話，對 Linux 來說就有可能，而且確實也被普遍用在各式各樣的控制系統上。此類系統對軟體的要求是以「時限」與「可信賴度」而定，這個可信賴度（confidence level）通常可以透過大量測試評定出來。

因此，要說一個系統是否具備即時性，就要看在極大工作量的情境下所量測出來的反應時間，以及是否能在一定比例下達到時限的要求。以過往的經驗來看，一個採用主線版本內核、經過妥善設定的 Linux 系統，足可擔任以數十毫秒為單位的「軟性即時系統」；而加上 PREEMPT_RT 內核修補程式之後，也足可擔當以數百微秒為單位的「軟性或是硬性即時系統」。

而要建立一個即時系統的關鍵要點，在於要降低回應時間的變化波度，這樣你才能更加確信不會發生錯過時限的情事。換句話說，你需要讓這個系統的行為更加命定化（deterministic），而這往往是以「效能」作為代價換來的。比方說，快取機制縮短了存取資料的平均時間，因此能讓系統運作得更快速，但卻同時也會發生快取失誤（cache miss）而找不到資料時，增加了存取資料的最大可能時間。快取機制讓系統更快，但卻偏離了命定化，因此就與我們的需求背道而馳。

> **Tip**
> 「即時運算就代表著快速」這種說法毫無根據。事實恰好相反，越是命定化的系統，最大效能就越是低落。

本章節接下來的內容，將會探討如何找出造成延遲問題的原因所在，以及該如何減少延遲。

導致不確定的因素

基本上而言，即時系統開發的目標就是確保那些控制了即時需求輸出的執行緒，在必要時可以被排程進去，以便在時限之前完成作業。任何阻礙這項目標的，都是需要解決的問題。底下是一些相關的問題類別：

- **排程：**即時性執行緒需要先於其他種類執行緒執行，因此要使用即時排程策略，例如 SCHED_FIFO 或 SCHED_RR。此外，根據我們在「**第 17 章，程序與執行緒**」中提到過的速率單調分析法（Rate Monotonic Analysis，RMA），距離時限越短的執行緒應該擁有越高的排程優先權，之後依排序次之。
- **排程延遲：**當有中斷訊號或是計時器相關的事件發生時，內核要能夠儘快重新完成排程，而不是無止盡地被延遲下去。降低排程延遲此事在本章節後段將會是個重要議題。
- **優先權反轉：**如同在「**第 17 章，程序與執行緒**」中曾介紹過的那樣，這個問題源自於以優先權機制為主的排程策略。當「高優先權執行緒」因為互斥鎖而被「低優先權執行緒」無止盡地延遲下去時，就會出現這種問題。用戶空間可以採用有「優先權繼承」（priority inheritance）與「優先權頂置」（priority ceiling）的互斥鎖。之後當我們談到即時系統內核時，也會介紹內核空間中實作了「優先權繼承」的即時性互斥鎖。

- **精確的計時器**：如果你希望能管理僅以毫秒甚至微秒計的時限，你就需要能夠處理如此小維度的計時器。高精確度的計時器是必要的，幾乎所有的內核當中都有相關的設定選項。
- **分頁錯誤**：要是在執行重要的程式段落時遇到分頁錯誤，不管什麼樣的排程預測都會出錯。稍後會說明到，將記憶體的映射狀態鎖定便能避免這種問題。
- **中斷訊號**：我們無法預期中斷訊號什麼時候會發生，而要是突然有大量中斷訊號產生，那麼就會導致預期之外的運算成本。有兩種方式可以避免這個問題：一者是以內核執行緒來處理中斷訊號；而另外一種方式僅限於多核心的裝置，將一到多顆的處理器核心，屏除於中斷訊號的處理工作之外。後續這兩種方式都會介紹到。
- **處理器快取**：所有的快取機制都一樣，只要在處理器與主記憶體之間，提供一個緩衝區，就會成為一種不確定的因素，這在多核心的裝置上更為明顯。可惜的是這議題不在本書的討論範疇之內，只能請讀者自行參考本章尾聲的「**延伸閱讀**」小節了。
- **佔用記憶體匯流排資源**：每當週邊裝置透過 DMA 通道（channel）直接存取記憶體，就會佔用一部分的記憶體匯流排頻寬（memory bus bandwidth），這會拖慢處理器（或處理器核心）的存取效率，再更進一步地導致程式執行的不確定因素。不過這部分屬於硬體的問題，同樣也不在本書的討論範疇之內。

在接下來的章節中，筆者會針對重要的問題類別進行探討，並說明如何面對這些問題。

排程延遲

即時性執行緒要開始工作時，當然是越快將其排程進去就越好。不過，即便沒有其他同等或是更高優先權的執行緒存在，在喚醒事件（如中斷訊號或系統計時器）開始，直到執行緒真正執行的這段過程，還是一段延遲的時間。這段時間又被稱為**排程延遲**（scheduling latency），而其中的原因又可被分為幾個部分，如圖 21.1 所示：

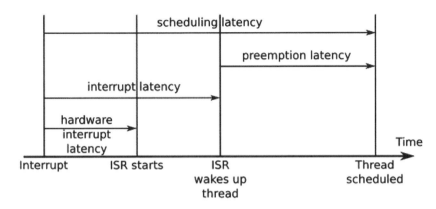

圖 21.1：排程延遲

首先一開始是從中斷訊號發出，直到 **ISR（interrupt service routine，中斷服務常式）** 接手處理為止，這邊會有一段「硬體中斷延遲」（hardware interrupt latency）。這段延遲中一小部分是由發出中斷的硬體本身造成，但最大的問題還是在要暫停中斷訊號的軟體部分階段。因此，將這段「中斷暫停時間」（IRQ off time）最小化就很重要了。

下一個部分是從 ISR 服務接手處理中斷訊號，直到喚醒（wake up）所有在等待這個事件的執行緒為止，這邊會有一段「中斷延遲」（interrupt latency）。這段延遲和「ISR 怎麼編寫的」有很大關係，一般來說這段延遲只佔了很短的時間，可能只有以幾微秒計。

最後一塊部分是從內核收到通知，被告知這條執行緒已進入執行就緒狀態開始，直到排程管理器讓執行緒真正開始執行為止，這邊會有一段「插隊延遲」（preemption latency）。這段延遲取決於內核是否能被插隊而定，如果此時正在執行一段關鍵段落的程式碼，那麼重新進行排程的作業就只能等待下去。因此，延遲的時間長度就和「內核是否允許插隊的設定」有關。

對內核插隊

由於「打斷執行中的執行緒並呼叫排程管理器」這件事情，並不總是安全無虞或所有人都希望的，因此才會有這段插隊延遲的出現。在主線版本的 Linux 中，有三個與此相關的設定，都可以透過在 **Kernel Features | Preemption Model** 的選單變更：

- `CONFIG_PREEMPT_NONE`：不允許插隊。
- `CONFIG_PREEMPT_VOLUNTARY`：在有插隊要求出現時，進行額外的確認。
- `CONFIG_PREEMPT`：允許內核能夠被插隊。

當設定為 none 的時候，重新排程的要求會被按下，內核會持續執行程式直到透過 syscall 的呼叫結束，重新回到可以被插隊的用戶空間模式；或者是遇到程式呼叫睡眠函式，此時執行緒被迫停止為止。由於這項機制能夠降低在內核與用戶空間切換的次數，進而減少「上下文交換」的總次數，所以這項機制可說是以「大量的插隊延遲」為代價，換來最高的運算效能。對於「覺得效能的重要性遠勝於回應時間的伺服器」與「部分桌上型版本內核」來說，這是個預設的選項。

第二種選項會在 need_resched 變數被設定時，呼叫排程管理器，因此能更明確插隊的時機點，以避免最糟的插隊延遲發生，但只須以「少量的效能成本」作為交換。部分桌上型版本會以此選項為主。

第三種選項允許內核被插隊，也就是說，只要內核執行的作業不具「不可分割性」時，任何一個中斷訊號就會導致立即的重新排程，後續會再談到這個問題。這會降低最糟情況下的插隊延遲時間，而在一般的嵌入式硬體上來說，也因此能夠減少「整個排程延遲的時間長度」約數毫秒。

對一般的軟性即時需求與大多數的嵌入式內核來說，都會採用此選項。當然了，這一定會對整體的效能造成一點影響，但相對於「朝向成為能夠更命定排程的嵌入式裝置」來說，就沒那麼嚴重了。

即時系統版本的 Linux 內核（PREEMPT_RT）

有一組以 **PREEMPT_RT** 這個內核設定為名的功能，代表著在「減少延遲」這件事情上前人長久以來持續精進的努力成果。這項專案由 Ingo Molnar、Thomas Gleixner 與 Steven Rostedt 等人發起，並隨著時間有越來越多的開發者對此投注心血。這個內核的修補程式可以在 https://www.kernel.org/pub/linux/kernel/projects/rt 下載，而在 https://wiki.linuxfoundation.org/realtime/start 上有 wiki 可供參考。另外在 https://rt.wiki.kernel.org/index.php/Frequently_Asked_Questions 上則有一份包括 FAQ 在內的百科，但內容已經有點過時了。

這項專案中的許多部分，已經隨時間逐漸整併到主線版本的 Linux 當中，包括高精確度的計時器、內核互斥鎖，還有以執行緒進行的中斷訊號處理。然而，最核心的修補部分仍舊被屏除於主線版本之外，因為這部分的改動過於激進（此為部分意見），而且只對整體 Linux 使用者中的一小部分有用處而已。但或許在哪天，整套修補終將會整併到上游程式庫當中。

此項專案主要的目標就是降低內核花費在**具有不可分割性（atomic context）**作業上頭的時間，因為這段時間並不適合呼叫排程管理器，並切換到另一條執行緒上頭。一般在內核中有以下幾種情形屬於不可分割性的作業：

- 在處理中斷訊號或是例外插斷（trap）的時候。
- 在獲取有自旋鎖或是處於複製寫入機制中的關鍵階段時。不論是自旋鎖（spin lock）、還是複製寫入（RCU），都是屬於原生的內核鎖機制，細節在此就不贅述了。
- 在呼叫 `preempt_disable()` 之後到呼叫 `preempt_enable()` 之前。
- 在**暫停硬體中斷（IRQ off）**的時候。

而在 `PREEMPT_RT` 當中的變更，主要屬於兩種：一種是將中斷處理改為以內核執行緒進行，以減少中斷處理造成的影響；另外一種則是即使獲取資源鎖的狀態下也可以被插隊，這樣就能讓執行緒抱著資源鎖進入睡眠。當然這些變更都伴隨著大量的副作用，就像是會讓中斷處理的平均時間增加，但也同時提昇了命定化的程度，而這也是我們努力的目標。

以執行緒處理中斷訊號

並不是所有的即時性任務都會產生中斷訊號，但卻是所有的中斷訊號都會佔用掉即時性任務所需的時間資源。以執行緒進行的中斷處理，能夠在中斷訊號加上優先權的機制，以便在比較適合的時間點再進行處理，如圖 21.2 所示：

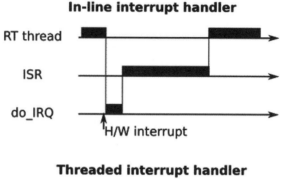

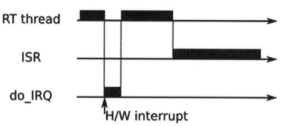

圖 21.2：「循序的中斷處理」（In-line interrupt handler）和「以執行緒進行的中斷處理」（Threaded Interrupt handler）

要是以內核執行緒來進行中斷訊號的處理，那麼只要「用戶空間的執行緒」優先權更高，就沒有理由不讓「更高優先權的執行緒」先插隊。也因此，原本要在中斷處理上所花費的時間，就不會對「用戶空間的執行緒」造成延遲。「以執行緒進行的中斷處理」從 Linux 2.6.30 版本開始就加入功能當中。你可以用 request_threaded_irq() 取代平常的 request_irq()，單獨要求此中斷處理改為以執行緒進行。你還可以變更內核設定中的 CONFIG_IRQ_FORCED_THREADING=y，就可以使所有的中斷處理都預設以「執行緒」進行（除非特地以 IRQF_NO_THREAD 變數排除在外）。而當你套用 PREEMPT_RT 修補程式之後，中斷訊號在預設上就會採用這種方式處理了。底下是你可能會看到的情形：

```
# ps -Leo pid,tid,class,rtprio,stat,comm,wchan | grep FF
PID     TID     CLS     RTPRIO  STAT    COMMAND         WCHAN
3       3       FF      1       S       ksoftirqd/0     smpboot_th
7       7       FF      99      S       posixcputmr/0   posix_cpu_
19      19      FF      50      S       irq/28-edma     irq_thread
20      20      FF      50      S       irq/30-edma_err irq_thread
42      42      FF      50      S       irq/91-rtc0     irq_thread
43      43      FF      50      S       irq/92-rtc0     irq_thread
```

44	44	FF	50	S	irq/80-mmc0	irq_thread
45	45	FF	50	S	irq/150-mmc0	irq_thread
47	47	FF	50	S	irq/44-mmc1	irq_thread
52	52	FF	50	S	irq/86-44e0b000	irq_thread
59	59	FF	50	S	irq/52-tilcdc	irq_thread
65	65	FF	50	S	irq/56-4a100000	irq_thread
66	66	FF	50	S	irq/57-4a100000	irq_thread
67	67	FF	50	S	irq/58-4a100000	irq_thread
68	68	FF	50	S	irq/59-4a100000	irq_thread
76	76	FF	50	S	irq/88-OMAP UAR	irq_thread

上例是一個運行 linux-yocto-rt 的 BeagleBone，當中只有 gp_timer 這個中斷訊號不是以執行緒進行處理的。不過計時器的中斷處理會以循序的方式進行處理，其實也很正常。

Note

這邊可以注意到，所有用於中斷處理的執行緒，在預設上都採用 SCHED_FIFO 的排程策略，並同樣擁有 50 的優先權。但就這樣使用預設的設定總是不太對勁，所以這裡該由你來決定，比較一下這些中斷訊號和用戶空間的即時性執行緒之間的重要性，據此來指定優先權。

底下是執行緒優先程度的建議，由高至低：

- POSIX 標準計時器 posixcputmr 的執行緒，應該保持擁有最高的優先權。
- 與即時性執行緒中最高優先權者相關的硬體中斷處理。
- 即時性執行緒中最高優先權者。
- 即時性執行緒中依優先權順序，處理硬體中斷與執行緒。
- 非即時性介面的硬體中斷處理。
- 軟性中斷訊號處理常駐服務（soft IRQ daemon）ksoftirqd 的執行。在即時系統版本內核中，這是一個用來處理被延後的中斷訊號服務，而在 Linux 3.6 版本之後，也負責處理網路堆疊、區塊裝置輸出入層等其他作業。你可能要多嘗試不同的優先權等級，才能為此找到一個平衡。

你可以利用啟動指令檔（boot script），在當中加上 chrt 指令來變更優先權的設定。指令的格式如下：

```
# chrt -f -p 90 `pgrep irq/28-edma`
```

上述的 pgrep 指令是 procps 套件中的工具。

從「以執行緒進行的中斷處理」作為出發角度認識即時版本 Linux 內核之後,接下來會更深入到實作面。

允許插隊的內核資源鎖

在 PREEMPT_RT 當中最劇烈的一項更動,就是將大部分的內核資源鎖都改為可允許插隊的類型,而這項更動也一直被屏除於主線版本的內核之外。

起初問題的緣由是來自於自旋鎖(spin lock),這是一種在內核的資源鎖機制中常會被用到的類型。所謂的自旋鎖就是一種會不斷以迴圈進行等待的互斥鎖(busy-wait mutex),由於在爭用的情境下,也不會出現上下文交換,因此只要是在僅需獲取資源鎖一小段時間的條件下,算是非常有效率的機制。理想情況下,這個鎖應該要在獲取後到第三次被重新放進排程之前就被釋出。圖 21.3 展示的是兩條運行在不同處理器上的執行緒,爭用著同一個自旋鎖。**CPU0** 先搶到鎖,因此 **CPU1** 只能在那邊原地打轉,等待鎖被釋出:

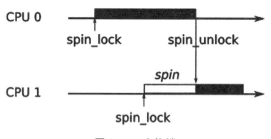

圖 21.3:自旋鎖

之所以獲取自旋鎖的期間,而執行緒不能被插隊打斷的原因在於,要是被打斷了,那麼一旦有新的執行緒進來嘗試獲取同一個自旋鎖,就會造成「鎖死」的情境。也因此,在主線版本的 Linux 當中,只要獲取自旋鎖,就會禁止對內核插隊,讓這項作業期間具有「不可分割性」。而這就代表著,萬一低優先權的執行緒獲取了一個自旋鎖,就會擋住高優先權的執行緒,無法進行排程。

> **Note**
>
> PREEMPT_RT 在這個問題上提供的解決方法，就是將幾乎所有的自旋鎖，都以即時性互斥鎖（RT-mutex）替換掉了。互斥鎖雖然效率不比自旋鎖，但可以被安心插隊打斷。再加上，即時性互斥鎖還實作了優先權繼承機制，因此也不用擔心優先權反轉的問題發生。

在了解 PREEMPT_RT 修補程式所做的事情之後，下一步就是要來安裝它們。

獲取 PREEMPT_RT 修補程式

由於建立修補程式所需要耗費的工作量，因此 PREEMPT_RT 的開發者們並不會針對所有內核版本推出修補。一般來說，這個頻率會是每隔一個版本的內核才推出。在本書寫成當下，最新可支援的內核版本如下：

- 5.10-rt
- 5.9-rt
- 5.6-rt
- 5.4-rt
- 5.2-rt
- 5.0-rt
- 4.19-rt
- 4.18-rt
- 4.16-rt
- 4.14-rt
- 4.13-rt
- 4.11-rt

> **Note**
>
> 修補程式在：https://www.kernel.org/pub/linux/kernel/projects/rt。

如果讀者使用的是 Yocto Project，那麼裡面就已經有一個 rt 版本的內核。如果不是的話，就要看看你下載內核的地方是否有提供「已經套用 PREEMPT_RT 修補程式的內核版本」。再沒有的話，你就只好自己動手來了。首先，先確認 PREEMPT_RT 的修補版本與你的內核版本一致，不然沒辦法順利進行修補。然後如下所示，如常進行修補程式的套用，接著就可以用 CONFIG_PREEMPT_RT_FULL 來設定內核：

```
$ cd linux-5.4.93
$ zcat patch-5.4.93-rt51.patch.gz | patch -p1
```

前面最後一句話有一點不太正確；正確來說，PREEMPT_RT 的修補程式只在你使用的是可相容主線版本 Linux 內核時，才能順利套用進去。但由於使用的是嵌入式版本的 Linux 內核，因此你可能會遇到一些問題，這就需要花點時間看看修補失敗的原因，接著動手調整，然後了解一下對目標機板的支援，並把不足的即時系統支援加進去。以上這些細節一樣不在本書的討論範疇之內，如果你丈二金剛摸不著頭腦，應該試著洽詢手上內核的開發者，或是到內核開發的網路論壇上發問。

Yocto Project 與 PREEMPT_RT

在 Yocto Project 中，提供了兩種標準內核的選擇：linux-yocto 與 linux-yocto-rt，後者就是已經套用了即時系統修補的版本。先假設你的目標機板在這些內核當中都有支援，那你就只要將 linux-yocto-rt 選為想採用的內核，並將機型名稱宣告為可相容的機型就好，如下所示，將下列設定寫入 conf/local.conf 中：

```
PREFERRED_PROVIDER_virtual/kernel = "linux-yocto-rt"
COMPATIBLE_MACHINE_beaglebone = "beaglebone"
```

在安裝好即時系統版本的 Linux 內核後，接下來談談計時器的問題。

高精確度的計時器

如果你的需求是像即時應用程式那樣的需求，普遍需要精確計時需求的話，那麼計時器本身的精確度就很重要了。Linux 預設使用的計時器是一個可設定頻率的時脈鐘，這個頻率在嵌入式系統上為 100 Hz，在伺服器跟桌上型版本中是 250 Hz。在計時器的兩次計時之間的時間長度單位，被稱為**剎那（jiffy）**，而以上述的例子來說，這個時間長度在嵌入式系統單晶片（embedded SoC）上是 10 毫秒，而在伺服器版本上是 4 毫秒。

而在 Linux 2.6.18 版本之後，即時系統版本的內核專案裡加入了精確度更高的計時器，可以使用在所有能夠支援高精確度計時器裝置驅動程式的平台種類，而且基本上一般平台都會有支援這項功能。你需要修改內核設定為 CONIFG_HIGH_RES_TIMERS=y。

啟用這項設定之後，所有內核與用戶空間時脈鐘的精確度，都能夠精確到底層硬體所使用的粒度（granularity）。不過要得知「真正使用的時脈精確度」並不容易，雖然在 clock_getres(2) 中給出的表面答案是 1 奈秒（nanosecond），但這永遠都只會告訴你是 1 奈秒而已。後面會介紹到的 cyclictest 工具，其中一項功能，便是能夠分析時脈回報的時間資訊，以此推敲出精確度值：

```
# cyclictest -R
# /dev/cpu_dma_latency set to 0us
WARN: reported clock resolution: 1 nsec
WARN: measured clock resolution approximately: 708 nsec
```

或者，你也可以從內核紀錄訊息中找出一些蛛絲馬跡：

```
# dmesg | grep clock
OMAP clockevent source: timer2 at 24000000 Hz
sched_clock: 32 bits at 24MHz, resolution 41ns, wraps every
178956969942ns
OMAP clocksource: timer1 at 24000000 Hz
Switched to clocksource timer1
```

這兩種方法給出的數據截然不同，雖然對此筆者想不出有什麼好的解釋，但既然這兩個數據都已經小於 1 微秒了，我們就此心滿意足。

高精確度的計時器提供了我們足夠的精確度來量測延遲。接著就來看看，有哪些方法可以維持系統與應用程式的命定化性質。

避免即時應用程式發生分頁錯誤

當應用程式想要對「尚未映射到實體記憶體的內容」進行讀取或寫入時，就會產生**分頁錯誤（page fault）**。基本上，我們無法（或者說，非常難）預測什麼時候會發生分頁錯誤，因此對電腦裝置來說，這也是一項造成不確定（non-determinism）的因素。

幸好有個函式能夠幫忙把「程序中用到的記憶體內容」都映射出去，並且將映射的狀態鎖定，不讓分頁錯誤的情形發生。這個函式就是 mlockall(2)。底下是與其相關的兩個設定：

- MCL_CURRENT：鎖定目前有映射到的所有分頁。
- MCL_FUTURE：鎖定接下來有映射到的分頁。

通常你會在應用程式啟動時，同時以這兩種選項呼叫 mlockall(2) 函式，把目前與接下來的記憶體映射狀態都鎖定住。

> **Tip**
>
> 要注意的是不要把 MCL_FUTURE 當成什麼靈丹妙藥，當使用 malloc()／free() 或是 mmap() 來要求或是釋放堆積記憶體空間時，還是會有一段造成不確定的延遲發生。因此這類操作最好是能夠在應用程式一開始時就完成，而不是在流程的中途才進行。

至於從堆疊空間要求的記憶體配置就有點麻煩了，因為如果你呼叫函式的話，反而會自動讓已要求的堆疊空間加大，因而產生更多的記憶體管理延遲。一種簡單的解決辦法是，在一開始時就讓堆疊空間長到「比你預期會使用還要大」的大小。程式碼如下所示：

```c
#define MAX_STACK (512*1024)
static void stack_grow (void)
{
    char dummy[MAX_STACK];
    memset(dummy, 0, MAX_STACK);
    return;
}

int main(int argc, char* argv[])
{
    [...]
    stack_grow ();
    mlockall(MCL_CURRENT | MCL_FUTURE);
    [...]
```

上例中的 `stack_grow()` 這個函式會從堆疊空間要求一塊很大的區域，然後再清空裡面的內容，強迫這個程序的這些分頁都映射出去。

除了分頁錯誤之外，另一個需要關注的議題是中斷訊號。

屏除中斷

使用執行緒來進行中斷訊號的處理，能夠減輕對那些高優先權即時任務執行緒的衝擊。如果你使用的是多核心處理器，你可以用另外一種方式，將一到多顆的核心完全屏除於（shield from）處理中斷的作業行列之外，讓這些處理器核心可以全心投入於執行即時性的任務。這種方式在普通版本的 Linux 內核以及 PREEMPT_RT 版本的 Linux 內核當中都可以使用。

要做到此點，問題就在於要如何把「即時性執行緒」和「中斷處理」分開來到不同的處理器上面。你可以用指令列工具的 `taskset` 指令對執行緒或是程序，來指定偏好的處理器，或者用 `sched_setaffinity(2)` 與 `pthread_setaffinity_np(3)` 函式。

要對「中斷訊號的處理」設定處理器偏好的話，首先要依照中斷訊號的編號，找到在 /proc/irq/< **中斷編號** > 這個路徑的目錄；用來控制中斷訊號的檔案就在這底下，當中也包括了對處理器偏好設定的 `smp_affinity` 檔案。把針對每個處理器的位元遮罩設定寫入該檔案，就可以控制中斷訊號的行為。

降低分頁錯誤的次數，以及將處理器資源排除於中斷訊號作業之外，是能夠立竿見影的改善做法，但我們要如何評估這些做法真正有效？

量測排程延遲

如果你的裝置到最後還是錯過時限，那麼以上總總的設定與調整，到頭來都將只是一場空話而已。雖然你需要找出一套自己的方法，替最終的測試建立評量標準（benchmark），但筆者這邊還是會依照自己的做法，介紹兩項重要的量測工具：`cyclictest` 與 Ftrace。

使用 cyclictest

cyclictest 最早是由 Thomas Gleixner 開發的，在現今大多數平台上都可以在一個名為 rt-tests 的套件中找到這項工具。如果讀者使用的是 Yocto Project，可以透過底下這套即時系統版本的映像檔的方案檔（image recipe），建置出含有 rt-tests 套件的目標映像檔：

```
$ bitbake core-image-rt
```

如果讀者使用的是 Buildroot，那就需要從 **Target packages | Debugging, profiling and benchmark | rt-tests** 選單，把 BR2_PACKAGE_RT_TESTS 套件給加進去。

cyclictest 會比較睡眠前後的時間差，如果這個時間差等於實際要求的睡眠時間長度，那麼回報的延遲就是零。而 cyclictest 會預設計時器的精確度至少要能夠小到 1 微秒以下。

指令列選項相關的參數非常多。作為新手入門，你可以先試著以 root 使用者身分在目標環境下執行底下這行指令：

```
# cyclictest -l 100000 -m -n -p 99
# /dev/cpu_dma_latency set to 0us
policy: fifo: loadavg: 1.14 1.06 1.00 1/49 320
T: 0 (  320) P:99 I:1000 C: 100000 Min:   9 Act:  13 Avg:  15 Max:
134
```

上面所使用到的參數選項說明如下：

- -l <N>：重複執行 N 次；預設值是無限次。
- -m：以 mlockall 鎖定記憶體映射狀態。
- -n：以 clock_nanosleep(2) 取代 nanosleep(2)。
- -p <N>：指定即時策略下的優先權為 N 值。

輸出的內容解讀方式如下，由左到右分別為：

- T: 0：這是測試中唯一有在執行的執行緒，編號 0。你還可以用 -t 參數來指定執行緒的編號。
- (320)：程序的編號是 320。
- P:99：優先權值是 99。
- I:1000：每次測試之間的間隔為 1,000 微秒。你還可以用 -i <N> 參數來指定間隔的時間值大小。
- C:100000：這條執行緒最後的總測試次數為 100,000 次。
- Min: 9：出現過最短的延遲時間為 9 微秒。
- Act:13：實際延遲時間為 13 微秒。所謂的「實際延遲時間」（actual latency）其實是指最近一次的延遲量測數據，除非你要監看 cyclictest 的執行情形，這條數據才有意義。
- Avg:15：平均下來的延遲時間為 15 微秒。
- Max:134：出現過最長的延遲時間為 134 微秒。

這項測試是以「未經修改的 linux-yocto 內核」在無作業任務的系統上執行的，僅僅是作為這項工具的一個簡單展示之用。實務的應用情形下，你會執行 24 小時甚至更長的測試期間，並在你預期會出現的最大工作量情境之下進行。

在 cyclictest 回報的數據當中，雖然最長延遲時間是最重要的一項，但要是能夠得知這些數據的分佈情形就更好了。你可以加上 -h <N> 參數，來獲取延遲到 N 微秒以下的數據取樣紀錄。利用這種方式，筆者在同一個目標機板上分別以「不允許插隊版本的內核」、「一般允許插隊版本的內核」、「即時系統版本的內核」等，進行了三次取樣追蹤，並同時以**大量的 ping 任務（flood ping）**來營造網路工作量情境。指令內容如下所示：

```
# cyclictest -p 99 -m -n -l 100000 -q -h 500 > cyclictest.data
```

隨後再用 gnuplot 工具，產製出底下這張數據圖。在本書儲存庫的 MELP/Chapter21/plot 底下，有提供本次範例的資料取樣結果檔，以及 gnuplot 工具的指令檔。

底下這張數據圖是以「不允許插隊版本的內核」為主的取樣結果：

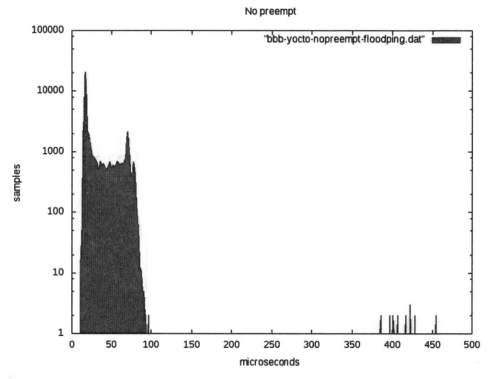

圖 21.4：不允許插隊版本（No preempt）

在「不允許插隊」的情況下，大部分的取樣數據最高都在 100 微秒以下，不過還是有一部分的數據會高到快接近 500 微秒的程度，但應該還算在預期之內。

底下這張數據圖是以「一般允許插隊版本」為主的取樣結果：

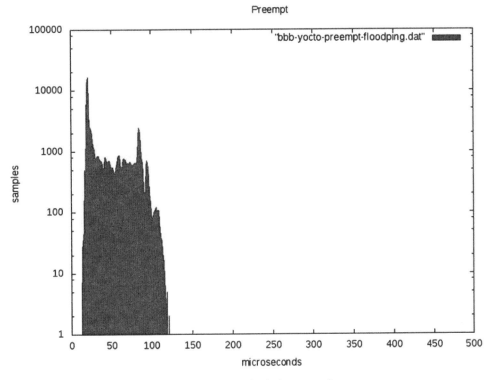

圖 21.5：允許插隊版本（Preempt）

在「允許插隊」的情況下，取樣數據都分佈在低端處，而且沒有任何數據超過 120 微秒。

底下這張數據圖是以「即時系統版本」為主的取樣結果：

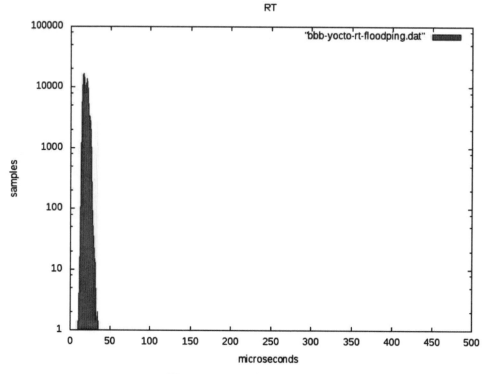

圖 21.6：即時系統版本（RT）

即時系統版本的內核明顯勝出許多，因為所有的取樣數據幾乎都在 20 微秒的標準以下，而且沒有任何數據高於 35 微秒以上。

雖然 cyclictest 可說是一項標準的排程延遲量測工具。不過這項工具並沒有辦法幫助我們找出以及解決與「內核延遲」有關的問題，對於此類問題，我們需要的是 Ftrace。

使用 Ftrace

在內核函式追蹤器（kernel function tracer）當中，有著可以追蹤內核延遲（kernel latency）的工具，畢竟這也是追蹤器被開發出來的初衷。這些追蹤工具可以在執行期間「偵測」及「擷取」最糟延遲情況的追蹤紀錄，揭露出造成延遲的函式所在。

關鍵的追蹤工具以及與其對應的內核設定參數，如下所示：

- irqsoff：CONFIG_IRQSOFF_TRACER 會追蹤那些暫停中斷訊號的程式碼，然後紀錄最長的時間。
- preemptoff：CONFIG_PREEMPT_TRACER 和 irqsoff 類似，但會追蹤「內核插隊」被暫停的最長時間（只有在使用「允許插隊版本的內核」時有效）。
- preemptirqsoff：結合前述的兩者，追蹤並記錄這兩者當中最長的那一段時間。
- wakeup：追蹤最高優先權的任務從被喚醒到真正被排程進去，當中最大的延遲時間。
- wakeup_rt：和 wakeup 一樣，但只追蹤採用了 SCHED_FIFO、SCHED_RR 或是 SCHED_DEADLINE 策略的即時性執行緒。
- wakeup_dl：同上，但僅針對採用 SCHED_DEADLINE 策略的時限排程策略執行緒。

要注意的是，運行 Ftrace 本身也會造成許多延遲問題，程度大概在數十毫秒左右，所以只有在「追蹤到的最高數據」可以忽略「Ftrace 本身造成的延遲」時，才會被擷取下來。然而，這問題卻會破壞 cyclictest 這種在用戶空間運行的追蹤工具所產生的結果；換句話說，如果你同時在擷取追蹤資料的話，那就可以忽視 cyclictest 的數據了。

選擇追蹤工具的方式和我們在「**第 20 章，剖析與追蹤**」當中所介紹過的一樣。底下這份範例是在 60 秒當中，擷取到「插隊」被暫停的最大時間長度數據：

```
# echo preemptoff > /sys/kernel/debug/tracing/current_tracer
# echo 0 > /sys/kernel/debug/tracing/tracing_max_latency
# echo 1 > /sys/kernel/debug/tracing/tracing_on
# sleep 60
# echo 0 > /sys/kernel/debug/tracing/tracing_on
```

追蹤所得到的結果（經大量編輯後）如下所示：

```
# cat /sys/kernel/debug/tracing/trace
# tracer: preemptoff
#
# preemptoff latency trace v1.1.5 on 3.14.19-yocto-standard
# -------------------------------------------------------------------
```

```
# latency: 1160 us, #384/384, CPU#0 | (M:preempt VP:0, KP:0, SP:0 HP:0)
#    -----------------
#    | task: init-1 (uid:0 nice:0 policy:0 rt_prio:0)
#    -----------------
#  => started at: ip_finish_output
#  => ended at:    __local_bh_enable_ip
#
#
#                   _------=> CPU#
#                  / _-----=> irqs-off
#                 | / _----=> need-resched
#                 || / _---=> hardirq/softirq
#                 ||| / _--=> preempt-depth
#                 |||| /     delay
#  cmd     pid    ||||| time |   caller
#     \   /       |||||  \   |   /
    init-1       0..s.    1us+: ip_finish_output
    init-1       0d.s2   27us+: preempt_count_add <-cpdma_chan_submit
    init-1       0d.s3   30us+: preempt_count_add <-cpdma_chan_submit
    init-1       0d.s4   37us+: preempt_count_sub <-cpdma_chan_submit
[...]
    init-1       0d.s2 1152us+: preempt_count_sub <-__local_bh_enable
    init-1       0d..2 1155us+: preempt_count_sub <-__local_bh_enable_ip
    init-1       0d..1 1158us+: __local_bh_enable_ip
    init-1       0d..1 1162us!: trace_preempt_on <-__local_bh_enable_ip
    init-1       0d..1 1340us : <stack trace>
```

從這邊可以看到，在執行追蹤功能時，暫停「對內核插隊」的最長期間是 1160 微秒。
這個數據也可以直接從 /sys/kernel/debug/tracing/tracing_max_latency 中讀取
得到，但上述提到的追蹤資料可以進一步告訴我們，在這個數據背後的內核函式呼叫情
形。當中的 delay 這個欄位會說明每個函式是從哪邊被呼叫的，而最後是在 1162us 的
時候呼叫 trace_preempt_on() 結束，之後內核又再度允許插隊。只要有了這份資訊，
我們就可以順著呼叫鏈追蹤回去，並且判斷出這是否為問題的緣由（希望如此）。

其他提到的追蹤工具也都是依此方式使用。

cyclictest 與 Ftrace 的合併使用

如果 cyclictest 的報告中出現不正常的長時間延遲，可以用 breaktrace 參數把程式的執行停下，然後啟用 Ftrace 來獲取更多資訊。

用 -b<N> 或是 --breaktrace=<N> 作為參數，指定 N 為觸發追蹤紀錄功能的 N 微秒延遲時間長度。然後用 -T [追蹤工具名稱] 或是底下其中之一，來選擇 Ftrace 要用的追蹤工具：

- -C：上下文交換追蹤
- -E：事件追蹤
- -f：函式追蹤
- -w：喚醒事件追蹤
- -W：即時系統版本下的喚醒事件追蹤

舉例而言，底下這道指令會在偵測到延遲時間大於 100 微秒的時候，觸發 Ftrace 的函式追蹤工具：

```
# cyclictest -a -t -n -p99 -f -b100
```

這樣一來，我們就擁有兩項可用來找出延遲問題的強力工具了：cyclictest 可用於偵測，再用 Ftrace 來找出問題原因。

小結

除非能夠以「時限」（deadline）作為限制，並以一定限度的「錯失率」（miss rate）作為規範，否則光是「即時」（real-time）兩個字沒有辦法代表任何意義。在你決定是否要以 Linux 作為適合的作業系統之後，如果確定採用，那麼就該開始調整你的系統，以便達到需求目標。所謂的「調整 Linux 與你的應用程式」，意思就是要使其更加命定化，以便能夠穩定地在時限之前處理好資料。而「命定化」這件事情背後，往往伴隨著整體效能作為代價，因此相較「非即時系統」來說，「即時系統」無法處理相對等量的資料。

我們沒辦法給出確切的理論，證明 Linux 這種複雜的作業系統能夠永遠達成時限，因此唯一的方法就是以 cyclictest 或是 Ftrace 這類工具進行大量的測試，而更重要的是，由此替你的應用程式建立出一套自己的評量標準。

要在「命定化」（determinism）這個議題上改善，需要同時考量「應用程式」與「內核」兩方面。在開發即時性應用程式時，請參考本章節內針對排程、資源鎖與記憶體議題上所給出的建議。

尤其內核對於系統的命定化程度會有很大的影響。幸好，業界在此領域上已經投注了許多年的努力。啟用「允許對內核插隊」是一個好的開始。如果你發現錯過時限的比率超出你的預期，可以考慮套用 PREEMPT_RT 這項內核修補程式；雖然這能夠確實地降低延遲，但卻還沒有被整合到主線版本中，因此你可能會在使用機板供應商提供的特製版本內核時，遇到整合的問題。而且，你可能會因此要在使用 Ftrace 或是其他類似的工具時，多練習幾次，才能找到造成延遲發生的原因。

到這裡，我們對嵌入式 Linux 的剖析已經到了尾聲。身為一個嵌入式系統的開發者，需要配備各種層面上的技術，從具備對硬體的認知、系統啟動的原理，以及如何與內核互動運作等低階層面知識，再到能夠妥善優化、設定用戶空間應用程式，使其達到良好效能的一個優秀系統工程師。這些都需要搭配能夠達成目標任務的硬體環境。最後以一句話總結本書：『一個好的工程師就是能夠事半功倍的工程師』，希望在本書內容所提供的資訊幫助下，各位讀者也能夠往這個目標邁進。

延伸閱讀

如果讀者想要了解更多，可以參考以下資源：

- Giorgio Buttazzo 的《*Hard Real-Time Computing Systems: Predictable Scheduling Algorithms and Applications*》
- Darryl Gove 的著作《*Multicore Application Programming*》